普通高等院校环境科学与工程类系列规划教材

环境微生物学实验基础

主　编　肖亦农　刘灵芝　王　新
副主编　钮旭光　高子晴　佟德利　沈欣军
主　审　徐　威

U0283644

中国建材工业出版社

图书在版编目（CIP）数据

环境微生物学实验基础/肖亦农，刘灵芝，王新主
编．--北京：中国建材工业出版社，2018.5
普通高等院校环境科学与工程类系列规划教材
ISBN 978-7-5160-2182-8

Ⅰ.①环… Ⅱ.①肖… ②刘… ③王… Ⅲ.①环境微
生物学—实验—高等学校—教材 Ⅳ.①X172-33

中国版本图书馆 CIP 数据核字（2018）第 049224 号

内 容 简 介

　　本书针对环境微生物学专业较为系统地介绍了基础实验原理和环境微生物监测等领域的实验技术。全书共七章，包括 29 个实验。主要内容为：微生物形态观察与测定技术、培养基制备和灭菌消毒技术、微生物的分离与培养技术、环境因素对微生物生长的影响、环境微生物的丰度与多样性分析、微生物与环境监测和微生物菌种保藏技术。本书既设置了微生物分离、形态观察、生理生化特征、菌种保藏等基础性实验，还设置了微生物分子生物学和微生物监测等综合实验内容。在每一个实验中，通过介绍实验原理、试剂配制和详细的实验操作过程，结合实验操作注意事项及思考题，有助于学生更好地学习和掌握相关实验内容。

　　本书可作为高等院校环境科学和环境工程等专业的实验教学教材，也可作为微生物学及相关专业的实验课用书，还可作为相关科技人员的参考用书。

环境微生物学实验基础

主编　肖亦农　刘灵芝　王新

出版发行：中国建材工业出版社

地　　址：北京市海淀区三里河路 1 号

邮　　编：100044

经　　销：全国各地新华书店

印　　刷：北京鑫正大印刷有限公司

开　　本：787mm×1092mm　1/16

印　　张：6.5

字　　数：160 千字

版　　次：2018 年 5 月第 1 版

印　　次：2018 年 5 月第 1 次

定　　价：26.00 元

本书编委会

主　编：肖亦农　刘灵芝　王　新

副主编：钮旭光　高子晴　佟德利　沈欣军

主　审：徐　威

参　编（按姓氏笔画排序）：

　　　　王　新　沈阳工业大学

　　　　刘灵芝　沈阳农业大学

　　　　沈欣军　沈阳工业大学

　　　　佟德利　沈阳师范大学

　　　　肖亦农　沈阳农业大学

　　　　钮旭光　沈阳农业大学

　　　　高子晴　大连工业大学

　　　　鲍　佳　沈阳工业大学

前 言

微生物学是一门实验性较强的科学，其基本理论和知识内容均源于实验，同时，微生物学实验技术和方法在整个生命科学技术的发展中占有重要地位。所以，观察和分析一些实验现象是学生真正理解和掌握微生物学知识内容的主要方式之一。而且，学习和掌握微生物学的基本实验技术和方法是培养学生实验技能及观察和分析问题能力的重要途径，有助于学生适应毕业后科研教学及相关工作的需要。

近年来，微生物学研究进入了分子生物学发展阶段，微生物学实验技术和方法也已广泛地渗透到环境科学领域的研究中，一个新的理论研究体系——环境微生物学逐渐形成并得到快速发展，这一体系作为一门跨越微生物学、环境科学和环境工程等学科的综合性学科，所包含的内容层次较多，无论在理论研究上还是在实际应用上，都要求有更新颖和实用的配套微生物学实验教材做基础。编者在传统微生物学实验教材的基础上，根据多年的教学和研究实践，参考国内外的相关教材，针对21世纪教学改革和学科发展的需要，对实验内容重新整合、精选，编写了这本《环境微生物学实验基础》教学指导教材。

本书的实验内容主要考虑到以下几方面：

1. 兼顾基础性和先进性的要求，尽可能涵盖微生物学的重要基础实验内容，如常见微生物种群形态结构的显微观察、培养基的配制和灭菌，微生物的纯培养技术、无菌操作技术等，并适当结合一些较新的研究技术，如16S rDNA 序列的扩增和系统进化树的构建、DGGE（变性梯度凝胶电泳）和荧光定量PCR 等。

2. 环境微生物学在环境类学科教学体系中具有的重要作用，所选的实验内容适当结合环境科学专业（学科）现有的研究项目特点，如水体、食品、空气等细菌学检查、环境因素对微生物的影响等。

3. 从锻炼学生的科学思维角度出发，书中每个实验后都设置了一些思考题，这些思考题的选择既强调了对基本操作技术的掌握，又设置了与实验相关的具有启发性和探讨性的问题，使学生在学习知识的同时又能开拓思路、启发创新，正所谓"授人以鱼不如授人以渔"，使学生具备在生产实践中主动发现问题，并运用自己所学到的知识和技能独立分析和解决问题的能力。

我们希望本实验教材的出版不仅能够使学生掌握一些微生物学研究的主要技术和方法，还能够培养学生独立观察实验现象以及分析问题的能力，激发他们的科研兴趣，培养严肃认真与实事求是的科学态度。

本书是由多个院校的一线教师共同编写的，所写内容均为自己所熟悉的教学或科研领域。本书可作为高等院校环境科学和环境工程等专业的实验教学用书，也可作为微生物学及相关专业的实验课教材，还可作为相关科技人员的参考用书。由于水平和时间所限，编排过程中难免存在疏忽和失误，诚恳读者和同行专家提出宝贵意见。

编者

2018 年 4 月

目　　录

第一章　微生物形态观察与测定技术

实验 1　光学显微镜的使用

一、实验目的

1. 熟悉普通光学显微镜的主要构造及其性能。
2. 掌握低倍镜及高倍镜的使用方法。
3. 初步掌握油镜的使用方法。
4. 了解光学显微镜的维护方法。

二、实验原理

光学显微镜（Light Microscope）是生物科学和医学研究领域常用的仪器。在细胞生物学、组织学、病理学、微生物学及其他有关学科的教学研究工作中，光学显微镜用途广泛，是研究人体及其他生物机体组织和细胞结构强有力的工具。

光学显微镜简称光镜，是利用光线照明使微小物体形成放大影像的仪器。目前使用的光镜种类繁多，外形和结构差别较大，有些类型的光镜有其特殊的用途，如暗视野显微镜、荧光显微镜、相差显微镜、倒置显微镜等，但它们基本的构造和工作原理是相似的。一台普通光镜主要由机械系统和光学系统两部分构成，而光学系统则主要包括光源、反光镜、聚光器、物镜和目镜等部件。

光镜是如何使微小物体放大的呢？物镜和目镜的结构虽然比较复杂，但它们的作用都是相当于一个凸透镜，由于被检标本是放在物镜下方的 1～2 倍焦距之间的，上方形成一个倒立的放大实像，该实像正好位于目镜的下焦点（焦平面）之内，目镜进一步将它放大成一个虚像，通过调焦可使虚像落在眼睛的明视距离处，在视网膜上形成一个直立的实像。显微镜中被放大的倒立虚像与视网膜上直立的实像是相吻合的，该虚像看起来好像在离眼睛 25cm 处。

分辨力是光镜的主要性能之一。所谓分辨力（Resolving Power）也称为辨率或分辨本领，是指显微镜或人眼在 25cm 的明视距离处，能清楚地分辨被检物体细微结构最小间隔的能力，即分辨出标本上相互接近的两点间的最小距离的能力。据测定，人眼的分辨力约为 $100\mu m$。显微镜的分辨力由物镜的分辨力决定，物镜的分辨力就是显微镜的分辨力，而目镜与显微镜的分辨力无关。光镜的分辨力（R）（R 值越小，分辨率越高）可以下式计算：

$$R = \frac{0.61\lambda}{n\sin\theta}$$

式中，n 为聚光镜与物镜之间介质的折射率（空气为 1，油为 1.5）；θ 为标本对物镜镜口张角的半角，sin 的最大值为 1；λ 为照明光源的波长（白光约为 0.5m）。放大率或放大倍数是光镜性能的另一重要参数，一台显微镜的总放大倍数等于目镜放大倍数与物镜放大倍数的乘积。

三、实验器材

1. 溶液或试剂
香柏油或液体石蜡（石蜡油）、清洁剂（乙醚 7 份＋无水乙醇 3 份）、二甲苯。

2. 仪器或其他用具
普通光学显微镜、擦镜纸、羊毛交叉装片、英文字母或数字的装片。

四、实验操作

（一）光学显微镜的基本构造及功能（图 1-1）

1. 机械部分
（1）镜筒：安装在光镜最上方或镜臂前方的圆筒状结构，其上端装有目镜，下端与物镜转换器相连。根据镜筒的数目，光镜可分为单筒式光镜和双筒式光镜两类。单筒式光镜又分为直立式光镜和倾斜式光镜两种。而双筒式光镜的镜筒均为倾斜的。直立式光镜的目镜与物镜的中心线呈 45°角，在其镜筒中装有能使光线折转 45°的棱镜。

（2）物镜转换器：又称物镜转换盘，是安装在镜筒下方的一个圆盘状构造，可以按顺时针或逆时针方向自由旋转。物镜转换盘中均匀分布 3～4 个圆孔，用以装载不同放大倍数的物镜。转动物镜转换盘可使不同的物镜到达工作位置（即与光路合轴）。使用时注意凭手感调整物镜的工作位置准确到位。

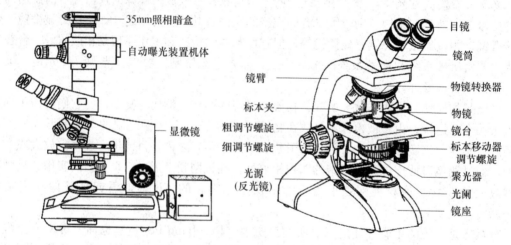

图 1-1 Olyupus 显微镜（BHS型）和光学显微镜的构造

（3）镜臂：支持镜筒和镜台的弯曲状构造，是取用显微镜时握拿的部位。直立式光镜在镜臂与其下方的镜柱之间有一倾斜关节，可使镜筒向后倾斜一定角度以方便观察，但使用时倾斜角度不应超过 45°，否则显微镜则由于重心偏移容易翻倒。在使用临时装片时，千万不要倾斜镜臂，以免液体或染液流出，污染显微镜。

（4）调焦器：也称调焦螺旋，为调节焦距的装置，位于镜臂的上端（直立式光镜）或下端（倾斜式光镜），分粗调节螺旋（大螺旋）和细调节螺旋（小螺旋）两种。粗调节螺旋可使镜筒或载物台以较快速度或较大幅度升降，能迅速调节好焦距使物像呈现在视野中，适于低倍镜观察时的调焦。而细调节螺旋只能使镜筒或载物台缓慢或较小幅度的升降（升或降的距离不易被肉眼观察到），适用于高倍镜和油镜的聚焦或观察标本的不同层次，一般在粗调节螺旋调焦的基础上再使用细调节螺旋，更能精细调节焦距。

有些类型的光镜，粗调节螺旋和细调节螺旋重合在一起，安装在镜柱的两侧。左右两侧粗调节螺旋的内侧有一窄环，称为粗调松紧调节轮，其功能是调节粗调节螺旋的松紧度（向外转偏松，向内转偏紧）。另外，在左侧粗调节螺旋的内侧有一个粗调限位环凸柄，当用粗调节螺旋调准焦距后向上推紧该柄，可使粗调节螺旋限位，此时镜台不能继续上升但细调节螺旋仍可调节。

（5）载物台：也称镜台，是位于物镜转换器下方的方形平台，是放置被观察的载玻片标本的地方。平台的中央有一圆孔，称为通光孔，来自下方光线经此孔照射到标本上。

在载物台上通常装有标本移动器（也称标本推进器），移动器上安装的弹簧夹可用于固定载玻片标本，另外，转动与移动器相连的两个螺旋可使载玻片标本前后、左右移动，这样寻找物像时较为方便。

在标本移动器上一般还附有纵横游标尺，可以计算标本移动的距离和确定标本的位置。游标尺一般由主标尺（A）和副标尺（B）组成（图1-2）。副标尺的分度为主标尺的9/10。使用时先看标尺的0点位置，再看主副标尺刻度线的重合点即可读出准确的数值。

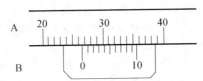

图1-2　游标尺的使用方法示意图

（6）镜座：位于显微镜最底部的构造，为整个显微镜的基座，用于支持和稳定镜体。有的显微镜在镜座内装有照明光源等构造。

2. 光学系统部分

光镜的光学系统主要包括物镜、目镜和照明装置（反光镜、聚光器和光圈等）。

（1）目镜：又称接目镜，安装在镜筒的上端，具有将物镜所放大的物像进一步放大的作用。每个目镜一般由两个透镜组成，在上下两透镜（即接目透镜和会聚透镜）之间安装有能决定视野大小的金属光阑——视场光阑，此光阑的位置即是物镜所放大实像的位置，故可将一小段头发粘附在光阑上作为指针，用以指示视野中的某一部分供他人观察。另外，还可在光阑的上面安装目镜测微尺。每台显微镜通常配置2～3个不同放大倍率的目镜，常见的有5×、10×和15×（×表示放大倍数）的目镜，可根据不同的需要选择使用，最常使用的是10×目镜。

（2）物镜：也称接物镜，安装在物镜转换器上。每台光镜一般有3～4个不同放大倍率的物镜，每个物镜由数片凸透镜和凹透镜组合而成，是显微镜最主要的光学部件，决定着光镜分辨力的高低。常用物镜的放大倍数有10×、40×和100×等几种。一般将8×或10×的物镜称为低倍镜（而将5×以下的叫做放大镜）；将40×或45×的称为高倍镜；将90×或100×的称为油镜（这种镜头在使用时需浸在镜油中）。

在每个物镜上通常都刻有能反映其主要性能的参数（图1-3），主要有放大倍数和数值孔径（如10/0.25、40/0.65和100/1.25）、该物镜所要求的镜筒长度和标本上的盖玻片厚度（160/0.17）等，另外，在油镜上还常标有"油"或Oil的字样。

油镜在使用时需要用香柏油或石蜡油作为介质，这是因为油镜的透镜和镜孔较小，而光线要通过载玻片和空气才能进入物镜中，玻璃与空气的折光率不同，使部分光线产生折射而损失掉，导致进入物镜的光线减少，而使视野暗淡、物像不清。在载玻片标本和油镜之间填充折射率与玻璃近似的香柏油或石蜡油时（玻璃、香柏油和石蜡油的折射率分别为1.52、1.51、1.46，空气为1），可减少光线的折射，增加视野亮度，提高分辨率。物镜分辨力的高低取决于物镜的数值孔径（Numerial Aperture, N. A.），N. A. 又称为镜口率，其数值越大，则表示分辨力越高。

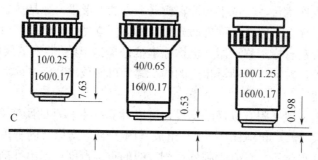

图1-3　物镜的性能参数及工作距离

注：C线为盖玻片的上表面，10×物镜的工作距离为7.63mm；40×物镜的工作距离为0.53mm；100×物镜的工作距离为0.198mm；10/0.25、40/0.65、100/1.25表示镜头的放大倍数和数字孔径；160/0.17表示显微镜的机械镜筒长度（标本至目镜的距离）和盖玻片的厚度，即镜筒长度为160mm，盖玻片厚度为0.17mm。

不同的物镜有不同的工作距离。所谓工作距离是指显微镜处于工作状态（焦距调好、物像清晰）时，物镜最下端与盖玻片上表面之间的距离。物镜的放大倍数与其工作距离成反比（表1-1）。当低倍镜被调节到工作距离后，可直接转换高倍镜或油镜，只需要用细调节螺旋稍加调节焦距便可见到清晰的物像，这种情况称为同高调焦。

不同放大倍数的物镜也可从外形上加以区别，一般来说，物镜的长度与放大倍数成正比，低倍镜最短，油镜最长，而高倍镜的长度介于两者之间。

表1-1　标准物镜的性质

放大倍数	数字孔径	工作距离（mm）
10	0.25	6.5
20	0.50	2.0
40	0.65	0.6
100	1.25	0.2

（3）聚光器：位于载物台的通光孔的下方，由聚光镜和光圈构成，其主要功能是使光线集中到所要观察的标本上。聚光镜由2~3个透镜组合而成，其作用相当于一个凸透镜，可将光线汇集成束。在聚光器的左下方有一调节螺旋可使其上升或下降，从而调节光线的强

弱，升高聚光器可使光线增强，反之则使光线变弱。

光圈也称为彩虹阑或孔径光阑，位于聚光器的下端，是一种能控制进入聚光器光束大小的可变光阑。它由十几张金属薄片组合排列而成，其外侧有一小柄，可使光圈的孔径开大或缩小，以调节光线的强弱。在光圈的下方常装有滤光片框，可放置不同颜色的滤光片。

（4）反光镜：位于聚光镜的下方，可向各方向转动，能将来自不同方向的光线反射到聚光器中。反光镜有两个面，一面为平面镜，另一面为凹面镜，凹面镜有聚光作用，在较弱光和散射光时使用，光线较强时则选用平面镜（现在有些新型的光学显微镜都有自带光源，而没有反光镜；有的光学显微镜二者都配备了）。

（二）光学显微镜的使用方法

1. 准备

将显微镜小心地从镜箱中取出（移动显微镜时应以右手握住镜壁，左手托住镜座），放置在实验台的偏左侧，以镜座的后端离实验台边缘的 6～10cm 为宜。首先检查显微镜的各个部件是否完整和正常。如果是直立式光镜，可使镜筒倾斜一定角度（一般不应超过 45°）以方便观察（观察临时装片时禁止倾斜镜臂）。

2. 低倍镜的使用方法

（1）对光：打开实验台上的工作灯（如果是自带光源显微镜，这时应该打开显微镜上的电源开关），转动粗调节螺旋，使镜筒略升高（或使载物台下降），调节物镜转换器，使低倍镜转到工作状态（即对准通光孔），当镜头完全到位时，可听到轻微的扣碰声。

打开光圈并使聚光器上升到适当的位置（以聚光镜上端透镜平面稍低于载物台平面的高度为宜）。然后用左眼观察目镜（注意两眼应同时睁开），同时调节反光镜的方向（自带光源显微镜，调节亮度旋钮），使视野内的光线均匀、亮度适中。

（2）放置玻片标本：将玻片标本放置到载物台上，用标本移动器上的弹簧夹固定好它（注意：有盖玻片或有标本的一面朝上），然后转动标本移动器的螺旋，使需要观察的标本部位对准通光孔的中央。

（3）调节焦距：用眼睛从侧面注视低倍镜，同时调整粗调节螺旋使镜头下降（或使载物台上升），直至低倍镜头距载玻片标本的距离小于 0.6cm（注意：操作时必须从侧面注视镜头与载玻片的距离，以避免镜头压碎载玻片）。然后用左眼观察目镜，同时用左手慢慢转动粗调节螺旋使镜筒上升（或使载物台下降）直至视野中出现物像为止，再转动细调节螺旋，使视野中的物像最清晰。

如果需要观察的物像不在视野中央，甚至不在视野内，可用标本移动器前后、左右移动标本的位置，使物像进入视野并移至中央。在调焦时，如果镜头与载玻片标本的距离已超过了 1cm 还未见到物像时，应严格按上述步骤重新进行操作。

3. 高倍镜的使用方法

（1）在使用高倍镜观察标本前，应先用低倍镜寻找到需观察的物像，并将其移至视野中央，同时调准焦距，使被观察的物像最清晰。

（2）转动物镜转换器，直接使高倍镜转到工作状态（对准通光孔），此时，视野中一般可看到不太清晰的物像，只需调节细调节螺旋，一般都可使物像清晰。

注意：

（1）在从低倍镜准焦的状态下直接转换到高倍镜时，有时会发生高倍物镜碰擦载玻片而不能转换到位的情况（这种情况，主要是因为高倍镜、低倍镜不配套，即不是同一型号的显微镜的镜头），此时不能硬转，应检查载玻片是否放反、低倍镜的焦距是否调好，以及物镜是否松动等情况后重新进行操作。如果调整后仍不能转换，则应将镜筒升高（或使载物台下降）后再转换，然后在眼睛的注视下使高倍镜贴近载玻片，再一边观察目镜视野，一边调整粗调节螺旋使镜头极其缓慢地上升（或使载物台下降），看到物像后再用细调螺旋准焦。

（2）由于制造工艺的原因，许多显微镜的低倍镜视野中心与高倍镜视野中心往往存在一定的偏差（即低倍镜与高倍镜的光轴不在一条直线上），因此，在从低倍镜转换为高倍镜观察标本时，常会给观察者快速寻找标本造成一定困难。为了避免这种情况的出现，帮助观察者在高倍镜下能较快找到所需放大部分的物像，可事先利用羊毛交叉装片标本来测定所用光镜的偏心情况，并绘图记录制成偏心图。具体操作步骤如下：① 在高倍镜下找到羊毛交叉点并将其移至视野中心；② 换低倍镜观察羊毛交叉点是否还位于视野中央，如果偏离视野中央，其所在的位置就是偏心位置；③ 将前面两个步骤反复操作几次，以找出准确的偏心位置，并绘出偏心图。当光镜的偏心点找出之后，在使用该显微镜的高倍镜观察标本时，事先可在低倍镜下将需进一步放大的部位移至偏心位置处，再转换高倍镜观察时，所需的观察目标就正好在视野中央。

4. 油镜的使用方法

（1）用高倍镜找到所需观察的标本物像，并将需要进一步放大的部分移至视野中央。

（2）将聚光器升至最高位置并将光圈开至最大（因油镜所需光线较强）。

（3）转动物镜转换盘，移开高倍镜，往载玻片标本上需观察的部位（载玻片的正面，相当于通光孔的位置）滴一滴香柏油（折光率1.51）或石蜡油（折光率1.47）作为介质，然后在眼睛的注视下，使油镜转至工作状态。此时油镜的下端镜面一般应正好浸在油滴中。

（4）左眼观察目镜，同时小心而缓慢地转动细调节螺旋（注意：这时只能使用细调节螺旋，千万不要使用粗调节螺旋）使镜头微微上升（或使载物台下降），直至视野中出现清晰的物像。操作时不要反方向转动细调节螺旋，以免镜头下降压碎标本或损坏镜头。

（5）油镜使用完后，必须及时将镜头上的油擦拭干净。操作时，将油镜升高1cm，并将其转离通光孔，先用干擦镜纸揩擦一次，把大部分的油去掉，再用沾有少许清洁剂或二甲苯的擦镜纸擦一次，最后再用干擦镜纸揩擦一次。至于载玻片标本上的油，如果是有盖玻片的永久制片，可直接用上述方法擦干净；如果是无盖玻片的标本，则盖玻片上的油可用拉纸法揩擦，即先把一小张擦镜纸盖在油滴上，再往纸上滴几滴清洁剂或二甲苯。趁湿将擦镜纸往外拉，如此反复几次即可干净。

（三）使用显微镜应注意的事项

（1）取用显微镜时，应一手紧握镜臂，一手托住镜座，不要用单手提拿，以避免目镜或其他零部件滑落。

（2）在使用直立式显微镜时，镜筒倾斜的角度不能超过45°，以免重心后移使显微镜倾倒。在观察带有液体的临时装片时，不要使用倾斜关节，以避免由于载物台的倾斜而使液体流到显微镜上。

（3）不可随意拆卸显微镜上的零部件，以免发生丢失损坏或使灰尘落入镜内。

（4）显微镜的光学部件不可用纱布、手帕、普通纸张或手指揩擦，以免磨损镜面，需要时只能用擦镜纸轻轻擦拭。机械部分可用纱布等擦拭。

（5）在任何时候，特别是使用高倍镜或油镜时，都不要一边在目镜中观察，一边下降镜筒（或上升载物台），以避免镜头与载玻片相撞，损坏镜头或载玻片标本。

（6）显微镜使用完后应及时复原。先升高镜筒（或下降载物台），取下载玻片标本，使物镜转离通光孔。如镜筒、载物台是倾斜的，应恢复直立或水平状态。然后下降镜筒（或上升载物台），使物镜与载物台相接近。垂直反光镜，下降聚光器，关小光圈，最后放回镜箱中锁好。

（7）在利用显微镜观察标本时，要养成两眼同时睁开，双手并用（左手操纵调焦螺旋，右手操纵标本移动器）的习惯，必要时应一边观察，一边计数或绘图记录。

五、思考题

1. 使用显微镜观察标本时，为什么必须按从低倍镜到高倍镜，再到油镜的顺序进行？

2. 在调焦时为什么要先将低倍镜与标本表面的距离调节到 6mm 之内？

3. 如果标本片放反了，可用高倍镜或油镜找到标本吗？为什么？

4. 怎样才能准确而迅速地在高倍镜或油镜下找到目标？

5. 如果细调节螺旋已转至极限而物像仍不清晰时，应该怎么办？

6. 如何判断视野中所见到的污点是在目镜上？

7. 在对低倍镜进行对焦时，如果视野中出现了随标本片移动而移动的颗粒或斑纹，是否将标本移至物镜中央，就一定能找到标本的物像？为什么？

实验 2　细菌染色技术

一、实验目的

1. 掌握几种常用的细菌染色方法。

2. 初步认识细菌的形态和结构特征。

二、实验原理

细菌的个体形态主要分为球菌、杆菌和螺旋菌。有的细菌细胞除了细胞壁、细胞膜等基本结构以外，还具有芽孢、荚膜、鞭毛等特殊结构，是菌种分类鉴定的重要指标。由于细菌细胞既小又透明，直接在显微镜下观察时难以识别，故一般要经过染色才能做形态和结构的观察。用于生物染色的染料主要有碱性染料、酸性染料和中性染料三大类。在中性、碱性或弱酸性溶液中，细菌细胞通常带负电荷，而碱性染料在电离时带正电荷，所以很容易与细胞结合而使细菌着色，因此细菌染色多用碱性染料。常用的碱性染料有美蓝、结晶紫、番红、孔雀绿等。

细菌染色的方法很多，以下介绍几种常用的染色方法。

1. 简单染色法

简单染色法又叫普通染色法，只用一种染料使细菌染上颜色，如果仅为了在显微镜下看清细菌的形态，用简单染色法即可。即利用细菌与各种不同性质的染料，如石碳酸复红、结晶紫、美蓝等具有亲和力而被着色的原理，采用一种单色染料对细菌进行染色。

7

2. 革兰氏染色法

革兰氏染色反应是细菌分类和鉴定的重要性状。它是 1884 年由丹麦医生 Gram 创立的。革兰氏染色法不仅能观察到细菌的形态特征而且还可将所有细菌区分为两大类：染色反应呈蓝紫色的称为革兰氏阳性细菌，用 G＋表示；染色反应呈红色（复染颜色）的称为革兰氏染色阴性细菌，用 G－表示。细菌对于革兰氏染色的不同反应，是由于它们细胞壁的成分和结构不同造成的。革兰氏阳性细菌的细胞壁主要是由肽聚糖形成的网状结构组成的，在染色过程中，当用乙醇处理时，由于脱水而引起网状结构中的孔径变小，通透性降低，使结晶紫—碘复合物被保留在细胞内而不易着色，因此，呈现蓝紫色；革兰氏阴性细菌的细胞壁中肽聚糖含量低，而脂类物质含量高，当用乙醇处理时，脂类物质溶解，细胞壁的通透性增加，使结晶紫—碘复合物易被乙醇抽出而脱色，然后又被染上了复染液（番红）的颜色，因此，呈现红色。

革兰氏染色需用四种不同的溶液：碱性染料初染液、媒染剂、脱色剂和复染液。碱性染料初染液的作用如在细菌的简单染色法基本原理中所述的一样，而用于革兰氏染色的初染液一般是结晶紫。媒染剂的作用是增加染料和细胞之间的亲和力或附着力，即以某种方式帮助染料固定在细胞上，使其不易脱落。不同类型的细胞脱色反应不同，有的细胞能被脱色，有的细胞则不能，脱色剂常用 95％的酒精。复染液也是一种碱性染料，其颜色不同于初染液，复染的目的是使被脱色的细胞染上不同于初染液的颜色，而未被脱色的细胞仍然保持初染的颜色，从而将细胞区分成 G＋和 G－两大类群，常用的复染液是番红。

3. 芽孢染色法

芽孢是在某些细菌生长发育后期，细胞内形成的一个圆形或椭圆形的休眠构造。细菌的芽孢具有厚而致密的壁，透性低，不易着色。芽孢染色法就是根据芽孢既难以被染色而一旦染上色后又难以脱色这一特点而设计的。用碱性染料——孔雀绿在加热条件下染色，使染料不仅进入菌体，也可进入芽孢内。进入菌体的染料经水洗后被脱色，而芽孢一经着色后难以被水洗脱色，再用对比度大的复染剂染色后，芽孢仍保留初染剂的颜色，而菌体被染成复染剂的颜色，使芽孢和菌体易于区分。

4. 荚膜染色法

荚膜是包围在细菌细胞外的一层黏状物质，其成分为多糖、糖蛋白或多肽。由于荚膜与染料的亲和力弱、不易着色，所以通常用衬托染色法（负染色法）染色，即菌体和背景着色，而荚膜不着色，在菌体周围形成透明圈（即夹膜）。由于荚膜含水量高，制片时通常不用加热固定，以免夹膜变形，影响观察。

5. 鞭毛染色法

细菌的鞭毛极细，直径一般为 10～20nm，只有用电子显微镜才能观察到。但是，如采用特殊的鞭毛染色法，则在普通光学显微镜下也能看到它。鞭毛染色方法很多，但其基本原理相同，即在染色前先用媒染剂进行处理，当媒染剂沉积在鞭毛上时，鞭毛加粗，然后再进行染色。

三、实验器材

1. 菌种

金黄色葡萄球菌、大肠杆菌、枯草芽孢杆菌、巨大芽孢杆菌、胶质芽孢杆菌、苏云金芽孢杆菌或自备菌种。

2. 溶液或试剂

草酸铵结晶紫、卢哥氏碘液、95％酒精、番红、5％孔雀绿水溶液、绘图墨水、硝酸银染色液、二甲苯、香柏油等。

3. 仪器或其他用具

废液缸、洗瓶、载玻片、接种环、酒精灯、擦镜纸、显微镜、小试管（75mm×10mm）、烧杯、滴管、玻片搁架、镊子、吸水纸、记号笔等。

四、实验操作

1. 简单染色法

（1）涂片：在洁净无油腻的玻片中央滴一小滴水，按无菌操作的方法用接种环挑取少量金黄色葡萄球菌或大肠杆菌菌种与水滴充分混匀，涂成极薄菌膜。注意，取菌量要适当，且涂抹要均匀，避免因取菌太多而造成涂片细胞堆积难以看清细菌个体形态。

（2）干燥：让涂片自然晾干或用电吹风吹干。

（3）固定：手执玻片一端，有菌膜的玻片一面朝上，通过火焰2～3次（以玻片背面不烫手为宜）。注意，必须等涂片干燥后再加热固定，且避免固定时间过长而使细胞形态破坏。

（4）染色：将涂片置于玻片搁架上，加适量（以盖满菌膜为宜）草酸铵结晶紫染色液染色1～2min。

（5）水洗：倒掉多余染色液，用洗瓶小水流冲洗，直至涂片上流下的水无色为止。

（6）干燥：用吸水纸吸去涂片上的水分，自然干燥或用电吹风吹干。

（7）镜检：涂片完全干燥后进行镜检，从低倍镜到高倍镜，最后用油镜观察。

2. 革兰氏染色法

（1）制片：金黄色葡萄球菌、大肠杆菌斜面培养物常规涂片、干燥、固定（步骤同1.）。注意，宜选用幼龄培养物，金黄色葡萄球菌和大肠杆菌培养约为24h。涂片宜薄，以免脱色不完全造成假阳性。

（2）初染：涂片中滴加结晶紫（以刚好将菌膜覆盖为宜）染色1～2min，水洗（步骤同1.）。

（3）媒染：用碘液冲去残水，并用碘液覆盖约1min，水洗（步骤同1.）。

（4）脱色：将载玻片倾斜，在白色的背景下，用滴管流加95％乙醇脱色，直至流下的乙醇刚好无紫色时，立即水洗。注意，革兰氏染色成败的关键是乙醇脱色。如脱色过度，革兰氏阳性菌可能被染成假阴性；如脱色时间过短，革兰氏阴性菌也可能被染成假阳性。

（5）复染：用番红液复染约2min，水洗（步骤同1.）。

（6）镜检：涂片完全干燥后，用油镜观察。

3. 芽孢染色法

（1）制片：按常规方法将巨大芽孢杆菌涂片、干燥、固定（步骤同1.）。

（2）染色：加数滴5％孔雀绿染色液于涂片上，用木夹夹住载玻片一端，在酒精灯上方用微火加热，以染料冒蒸汽而不沸腾为宜，并开始计时，维持5min。注意，加热过程中切勿让染色液沸腾，并及时补加染色液，切勿让涂片干涸。

（3）水洗：待涂片冷却后，用水轻轻地冲洗，直至流出的水中无染色液颜色为止。

（4）复染：用番红液染色2min。

（5）水洗：用水洗去染色液（步骤同 1.）。

（6）镜检：涂片完全干燥后，用油镜观察。

4. 荚膜染色法

（1）制混合液：加 1 滴墨水于洁净的载玻片上，挑取少量胶质芽孢杆菌菌体与其充分混合均匀。

（2）加盖玻片：放一个清洁盖玻片于混合液上，然后在盖玻片上放一张滤纸片，向下轻压，吸去多余的菌液。注意，勿产生气泡，以免影响观察。

（3）镜检：先用低倍镜再用高倍镜观察涂片。

5. 鞭毛染色法

（1）菌种的准备：取经活化的幼龄苏云金杆菌菌种。

（2）载玻片的准备：将载玻片在含适量洗衣粉的水中煮沸约 20min，取出后用清水充分洗净，沥干水后浸于 95％乙醇中。用时取出载玻片在火焰上烤，去除酒精及可能残留的油迹。

（3）菌液的制备：取斜面菌种数环于装有 1～2mL 无菌水的试管中，制成菌悬液。

（4）制片：取菌液 1 滴滴于载玻片的一端，将玻片倾斜，使菌液缓缓流向另一端，用吸水纸吸去玻片下端多余的菌液，室温下自然干燥。

（5）染色：涂片干燥后，滴加硝酸银染色 A 液覆盖涂片上 3～5min，用蒸馏水充分洗去 A 液。用 B 液冲去残水后，再加 B 液覆盖涂片染色数秒至 1min，当涂片出现明显褐色时，立即用蒸馏水冲洗。若加 B 液后显色较慢，可用微火加热，直至显褐色时立即水洗。涂片进行自然干燥。

（6）镜检：涂片完全干燥后用油镜观察，可从玻片的一端逐渐移至另一端观察。

五、思考题

1. 哪些环节会影响革兰氏染色结果的正确性？其中最关键的环节是什么？

2. 革兰氏染色时，初染前能加碘液吗？乙醇脱色后复染之前，革兰氏阳性菌和革兰氏阴性菌分别是什么颜色？

3. 革兰氏染色时，为什么特别强调菌龄不能太老，用老龄细菌染色会出现什么问题？

4. 观察芽孢、荚膜和鞭毛结构时，所用菌种菌龄有什么不同？

实验 3 放线菌形态观察

一、实验目的

1. 掌握放线菌形态的观察方法。

2. 了解放线菌的个体形态特征。

二、实验原理

放线菌具有发达的菌丝体。放线菌的菌丝一般无隔、分枝，菌丝直径与细菌的相似，可分为生长在培养基内的基内菌丝和生长在培养基表面及上方的气生菌丝，气生菌丝可部分分化成孢子丝及孢子。不同的放线菌，其孢子丝和孢子的特征也不同，这是鉴定菌种的重要依据。

　　由于基内菌丝或营养菌丝与培养基结合紧密，很难直接用接种工具挑取，因此，如果采用常规的制片方法，将很难观察到直观和自然生长状态下的菌丝体或孢子丝形态。本实验介绍的印片法、玻璃纸法以及插片法等可以解决上述不足。

　　印片法：将要观察的放线菌的菌落或菌苔先印在载玻片上，经染色后观察。这种方法主要用于观察孢子丝的形态、孢子的排列及其形状等，方法简便，但形态特征可能有所改变。

　　玻璃纸法：玻璃纸具有半透膜特性，其透光性与载玻片基本相同。将灭菌的玻璃纸覆盖在琼脂平板表面，然后将放线菌接种于玻璃纸上，水分及小分子营养物质可透过玻璃纸被菌体吸收利用。经培养，放线菌在玻璃纸上生长形成菌苔。观察时，揭下玻璃纸，固定在载玻片上，用显微镜可直接观察到放线菌自然生长的个体形态。

　　插片法：将放线菌接种在琼脂平板上，插上灭菌盖玻片后培养，使放线菌菌丝沿着培养基表面与盖玻片的交接处生长而附着在盖玻片上。观察时，轻轻取出盖玻片，置于载玻片上，可观察到放线菌自然生长状态下的特征。

三、实验器材

　　1. 菌种

　　灰色链霉菌、细黄链霉菌。

　　2. 溶液或试剂

　　石炭酸复红染色液、乳酸石炭酸棉蓝染色液、20％甘油、高氏1号琼脂培养基、马铃薯琼脂培养基等。

　　3. 仪器或其他用具

　　酒精灯、玻璃涂棒、培养皿、盖玻片、U型玻棒、载玻片、接种环、解剖针、镊子、剪刀、显微镜等。

四、实验操作

　　1. 印片法

　　（1）印片：用小刀将平板上的链霉菌菌苔连同培养基一起切下一小块，菌面朝上放在一个洁净的载玻片上。用镊子取另一个洁净载玻片，微微加热，将微热的载玻片对准菌苔轻轻按压一下，使菌苔的部分菌丝体及孢子印压在载玻片上。

　　（2）染色、镜检：翻转有印迹的载玻片，通过火焰2～3次进行固定，用石炭酸复红染色液覆盖印迹染色1min，水洗。印片干燥后，在高倍镜或油镜下观察。注意，印片时不能用力过大从而压碎琼脂，应将载玻片垂直放下和取出，以防载玻片水平移动而破坏放线菌的自然形态。

　　2. 玻璃纸法

　　（1）玻璃纸灭菌：将玻璃纸剪成比培养皿略小的片状，将滤纸剪成培养皿大小的圆形纸片并稍微润湿，然后把滤纸和玻璃纸交替分隔叠放在培养皿中（借滤纸将玻璃纸隔开），湿热灭菌，备用。

　　（2）制平板：将冷却至约50℃的高氏1号琼脂培养基倒平板，凝固备用。用无菌镊子将预先灭菌的玻璃纸紧贴在琼脂平板表面，并用无菌玻璃涂棒将玻璃纸与培养基之间的气泡除去。

（3）接种、培养：将链霉菌制成一定浓度的菌悬液，用无菌吸管吸取 0.2mL 菌液滴加在铺有玻璃纸的琼脂平板上，并用无菌玻璃涂棒涂抹均匀。接种后的平板置于 28℃ 下培养 3～7d，使之在玻璃纸上生长形成菌苔。注意，玻璃纸与平板琼脂培养基间不宜有气泡，以免影响其表面放线菌生长。

（4）制片、镜检：在洁净载玻片上放一小滴水，将含菌玻璃纸片小心剪下一小块，有菌面朝上移至载玻片上，在显微镜下观察，注意区分基内菌丝、气生菌丝和弯曲状或螺旋状的孢子丝。注意，在玻璃纸与载玻片间不能有气泡，以免影响观察效果。观察时把视野调暗，气生菌丝在上层，色暗；基内菌丝在下层，较透明。

3. 插片法

（1）制备菌悬液：将放线菌斜面菌种制成一定浓度的菌悬液。

（2）接种：将融化后冷却至约 50℃ 的高氏 1 号琼脂培养基倒平板。取 0.2mL 菌悬液放在平板培养基上，用玻璃涂棒涂布均匀。

（3）插片：用无菌镊子将灭菌的盖玻片以 45°角斜插在接种后的培养基平板上，插入深度约占盖玻片长度的 1/2。将插片平板倒置，于 28℃ 条件下培养 3～7d。

（4）镜检：小心取出盖玻片，将长有菌的一面向上放在洁净的载玻片上，用低倍镜、高倍镜观察，并绘制放线菌的个体形态。

五、思考题

1. 在高倍镜或油镜下如何区分放线菌的基内菌丝和气生菌丝？
2. 玻璃纸观察法是否还可用于其他类群微生物的培养和观察？
3. 试比较放线菌几种观察方法的优缺点。

实验 4　真菌形态观察

一、实验目的

1. 学习并掌握酵母菌和霉菌形态结构的观察方法。
2. 加深理解酵母菌和霉菌的形态特征。

二、实验原理

真菌，是一种真核生物。最常见的真菌是各类蕈类，也包括酵母菌和霉菌。

酵母菌是一种不运动的单细胞真核微生物，大小通常是细菌的几倍甚至是几十倍。大多数酵母菌是以出芽方式进行无性繁殖的，有性繁殖则通过结合方式产生子囊孢子，而子囊孢子是子囊类真菌进行繁殖产生的孢子。在酵母菌中，能否产生子囊孢子是酵母菌分类鉴定的重要依据之一。因此，不同属的酵母菌要选用不同的适合其形成子囊孢子的培养基。葡萄糖-醋酸钠培养基（也叫麦氏培养基）有利于酿酒酵母形成子囊孢子。

霉菌是丝状真菌的一个俗称，它可以产生复杂分枝的菌丝体。同放线菌类似，菌丝体也可分为基内菌丝和气生菌丝两部分，气生菌丝生长到一定阶段形成繁殖菌丝（孢子丝），并产生分生孢子。不过，霉菌的菌丝比较粗大，细胞较易收缩变形，而且孢子很容易飞散。观察霉菌用显微镜的低倍镜即可。

三、实验器材

1. 菌种

（1）酵母菌：酿酒酵母（斜面菌种）。

（2）霉菌：产黄青霉或点青霉、黑曲霉或黄曲霉、黑根霉、总状毛霉等斜面菌种。

2. 溶液或试剂

（1）酵母菌：葡萄糖-醋酸钠培养基，麦芽汁培养基，质量分数为5%的孔雀绿染色液，质量分数为0.5%的沙黄染色液，体积分数为95%的乙醇。

（2）霉菌：半固体PDA培养基，乳酸苯酚固定液，棉蓝染色液，质量分数为20%的无菌甘油。

3. 仪器或其他用具

（1）酵母菌：显微镜、载玻片、擦镜纸、盖玻片、接种针（环）、滤纸等。

（2）霉菌：明胶带、剪刀、培养皿、"门"形玻棒搁架、圆形滤纸片、细口滴管、镊子、显微镜、载玻片、盖玻片、接种针（环）、擦镜纸等。

四、实验操作

（一）酵母菌

1. 活化菌种

将酿酒酵母接种至新鲜的麦芽汁培养基上，于28℃条件下培养1~2d，然后再移植2~3次。

2. 转接培养

将活化的酿酒酵母转接至葡萄糖-醋酸钠培养基上，于28℃条件下培养7~10d。

3. 制片

挑取少量产孢菌苔于载玻片的水滴上，晾干，固定。

4. 染色

用孔雀绿染色1min，然后加体积分数为95%的乙醇脱色30s，水洗。最后用沙黄染色液复染30s，水洗，用吸水纸吸干。

5. 观察

涂片完全干燥后，进行镜检观察。子囊孢子呈绿色，子囊为粉红色。要注意观察子囊孢子的数目、形状。

（二）霉菌

1. 霉菌的载玻片湿室培养

霉菌的载玻片湿室培养可几个人合作，每人制作一种霉菌的载玻片。

（1）准备湿室

在培养皿底先铺一张圆形滤纸片，然后在上面放一个"门"形载玻片搁架，在搁架上放一块载玻片和两块盖玻片，盖上平皿盖。外用纸包扎好后，于121℃条件下灭菌30min，再放置于 60℃ 烘箱中烘干，备用。

（2）接种

用接种环挑取少量霉菌孢子至湿室内的载玻片上，每张载玻片可在两处接种同一菌种的孢子。接种时只要将带菌的接种环在载玻片上轻轻碰几下即可，注意要标记接种的位置。

（3）加培养基

用无菌的细口滴管吸取少量融化的、约 60℃ 的培养基，滴加于载玻片的接种处，要注意培养基应滴得圆而薄，其直径大约为 0.5cm，滴加量一般约为 1/2 小滴。

（4）加盖玻片

在培养基未彻底凝固前，用无菌镊子将平皿内的盖玻片盖在琼脂培养基薄层上，并用镊子轻压，使盖玻片和载玻片间的距离相当接近，但一定不能压扁，要保证透气。

（5）倒保湿剂

每平皿倒大约 3mL 质量分数为 20% 的无菌甘油，使平皿内的滤纸完全润湿，用以保持平皿内的湿度，在平皿盖的侧面标注菌名和接种日期等。制成载玻片湿室后，放置于 28℃ 条件下，培养 3～5d。

2. 黑根霉假根的培养

制备琼脂 PDA 培养基的平板，培养基的高度约为平皿高度的 1/2。先用接种环取少量黑根霉孢子，在平板表面画线接种。然后在皿盖内放一块无菌载玻片，于 28℃ 条件下，倒置培养 2～3d 后，可见黑根霉的气生菌丝倒挂成胡须状，有许多菌丝与载玻片接触，并可在载玻片上分化出假根和匍匐菌丝等结构。

3. 观察

（1）载玻片湿室培养霉菌的镜检观察

从培养 16～20h 开始，通过连续观察，可了解霉菌孢子的萌发、菌丝体的生长分化和子实体的形成过程。将湿室内的载玻片取出，直接置于 10× 镜和 40× 镜下观察曲霉、青霉、毛霉、黑根霉的形态特征，重点观察菌丝是否分枝，曲霉和青霉分生孢子的形成特点，黑根霉和毛霉的孢子囊和孢囊孢子等。

（2）假根观察

将培养黑根霉假根的平皿打开，取出平皿盖内的载玻片，在附着菌丝体的一面盖上一盖玻片，于 10× 镜下观察。能看到假根及从根节上分化出的孢子囊梗、孢子囊、孢囊孢子和两个假根间的匍匐菌丝，观察时注意调节显微镜焦距以看清真菌的各个结构。

五、思考题

1. 试比较细菌和酵母菌的异同。
2. 如何区别酵母菌的营养细胞和子囊释放出的子囊孢子？
3. 试设计一个从子囊中分离子囊孢子的实验方案。
4. 什么叫载玻片湿室培养？它适用于观察什么样的微生物？有何优点？
5. 试比较毛霉、黑根霉、青霉和曲霉的形态特征的异同。

实验 5　微生物细胞大小的测定

一、实验目的

1. 掌握使用显微测微尺测定微生物大小的方法。
2. 掌握对不同形态细菌大小测定的分类学基本要求，增强对微生物细胞大小的感性认识。

二、实验原理

微生物细胞的大小是微生物基本的形态特征，也是分类鉴定的依据之一。微生物大小测定需借助测微尺——目镜测微尺和镜台测微尺，两者配合使用。

镜台测微尺是一个在特制载玻片中央封固的标准刻尺，其尺度总长为 1mm，精确分为 10 个大格，每个大格又分为 10 个小格，共 100 个小格，每个小格 10μm。镜台测微尺并不直接用来测量细胞的大小，而是用于校正目镜测微尺每格的相对长度。

目镜测微尺是一块可放入目镜内的圆形小玻片，其中央有精确的等分刻度，一般有等分为 50 小格和 100 小格两种。测量时，需将其放在目镜中的隔板上，用以测量经显微镜放大后的细胞物像。由于不同显微镜或不同的目镜和物镜组合放大倍数不同，目镜测微尺每小格在不同条件下所代表的实际长度也不一样。

因此，用目镜测微尺测量微生物大小时，必须先用镜台测微尺进行校正，以求该显微镜在一定放大倍数的目镜和物镜下，目镜测微尺每小格所代表的相对长度。然后根据微生物细胞相当于目镜测微尺的格数，即可计算出细胞实际大小（图 1-4）。

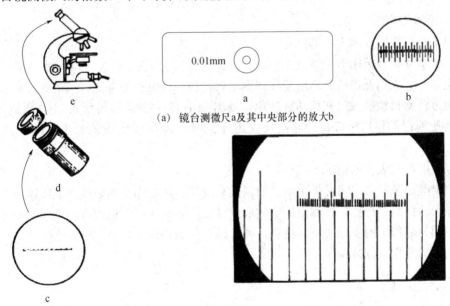

(a) 镜台测微尺 a 及其中央部分的放大 b

(b) 目镜测微尺 c 及其安装在目镜
d 上，再装在显微镜 e 上的方法

(c) 镜台测微尺校正目镜测微尺时的情况

图 1-4　测微尺及其安装和校正

三、实验器材

1. 菌种

酿酒酵母、枯草芽孢杆菌。

2. 溶液或试剂

0.1‰吕氏碱性美蓝染液、蒸馏水。

3. 仪器或其他用具

显微镜、目镜测微尺、镜台测微尺、盖玻片、载玻片、滴管、双层瓶、擦镜纸。

四、实验操作

1. 目镜测微尺的安装

把一侧目镜的上透镜旋开，将目镜测微尺轻轻放在目镜的隔板上，使有刻度的一面朝下。旋上目镜透镜，再将目镜插入镜筒内。

2. 校正目镜测微尺

将镜台测微尺放在显微镜的载物台上，使有刻度的一面朝上。先用低倍镜观察，调节焦距，待看清镜台测微尺的刻度后，转动目镜，使目镜测微尺的刻度与镜台测微尺的刻度相平行，利用推进器移动镜台测微尺，使两尺在某一区域内两线完全重合，然后分别数出两重合线之间镜台测微尺和目镜测微尺所占的格数。用同样的方法换成高倍镜和油镜进行校正，分别测出在高倍镜和油镜下两重合线之间两尺分别所占的格数。

由于已知镜台测微尺每格长 $10\mu m$，根据下列公式即可分别计算出在不同放大倍数下，目镜测微尺每格所代表的长度。

$$目镜测微尺每格长度（\mu m）=\frac{两重合线间镜台测微尺格数×10}{两重合线间目镜测微尺格数}$$

3. 菌体大小的测定

（1）枯草芽孢杆菌大小的测定

对枯草芽孢杆菌用简单染色法制片。目镜测微尺校正完毕后，取下镜台测微尺，换上细菌染色制片。先用低倍镜和高倍镜找到标本后，换油镜测枯草芽孢杆菌的宽度和长度。测定时，通过转动目镜测微尺和移动载玻片，测出细菌直径或宽和长所占目镜测微尺的格数。最后将所测得的格数乘以目镜测微尺（用油镜时）每格所代表的长度，即为该菌的实际大小。

（2）酵母菌大小的测定

测定酵母菌时，先将酵母菌培养物制成水浸片，然后用高倍镜或油镜测出宽和长各占目镜测微尺的格数，最后，将测得的格数乘上目镜测微尺（用高倍镜或油镜时）每格所代表的长度，即为酵母菌的实际大小（注意：可选择有代表性的 3～5 个细胞进行测定；细菌的大小需用油镜测定，以减少误差）。

五、思考题

1. 为什么更换不同放大倍数的目镜或物镜时，必须用镜台测微尺重新对目镜测微尺进行校正？

2. 在不改变目镜和目镜测微尺，而改用不同放大倍数的物镜来测定同一细菌的大小时，其测定结果是否相同？为什么？

3. 为什么随着显微镜放大倍数的改变，目镜测微尺每格相对的长度也会改变？能找出这种变化的规律吗？

4. 根据测量结果，分析为什么同种酵母菌的菌体大小不完全相同。

实验 6　微生物细胞的显微镜直接计数

一、实验目的

1. 了解血球计数板的构造，明确其计数原理。
2. 掌握使用血球计数板测定微生物细胞或孢子数量的方法。

二、实验原理

显微计数法是将小量待测样品悬浮液置于计菌器上，于显微镜下直接计数的一种简便、快速、直观的方法。

显微计数法适用于各种含单细胞菌体的纯培养悬浮液，如酵母、细菌、霉菌孢子等。菌体较大的酵母菌或霉菌孢子可采用血球计数板，一般细菌则采用彼得罗夫·霍泽（Petrof Hausser）细菌计数板或 Hawksley 计数板。这三种计数板的原理和部件相同，只是细菌计数板较薄，可以使用油镜进行观察；而血球计数板较厚，不能使用油镜，计数板下部的细菌不易看清。

血球计数板（图 1-5）是一块特制的厚型载玻片，载玻片上有 4 个沟槽，中间 2 个沟槽将载玻片凸起部分分为 3 个平台，两边较窄的平台作为支持柱，用来支撑盖玻片。中间较宽的平台，被一短横槽分隔成两半，每个半边上面各有一个计数区。计数区的刻度有两种：一种是计数区（大方格）分为 16 个中方格，而每个中方格又分成 25 个小方格；另一种是一个计数区分成 25 个中方格，而每个中方格又分成 16 个小方格。计数区均由 400 个小方格组成。每个大方格边长为 1mm，其面积为 $1mm^2$，盖上盖玻片后，盖、载玻片间的高度为 0.1mm，所以每个计数区的体积为 $0.1mm^3$。使用血球计数板计数时，通常测定五个中方格的微生物数量，求其平均值，再乘以 25 或 16，就得到一个大方格的总菌数，然后再换算成 1mL 菌液中微生物的数量。设 5 个中方格中的总菌数为 A，菌液稀释倍数 B，则：

$$1mL\ 菌液中的总菌数 = \frac{A}{5} \times 25 \times 10^4 \times B = 5 \times 10^4 \times A \cdot B\ （25 个中格）$$

$$= \frac{A}{5} \times 16 \times 10^4 \times B = 3.2 \times 10^4 \times A \cdot B\ （16 个中格）$$

三、实验器材

1. 菌种

酿酒酵母、枯草芽孢杆菌。

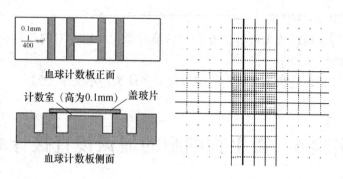

图 1-5　血球计数板

2. 溶液或试剂

0.1% 吕氏碱性美蓝染液、蒸馏水。

3. 仪器或其他用具

显微镜、擦镜纸、血细胞计数板、移液管、小玻璃珠、烧杯、锥形瓶等。

四、实验操作

步骤如下：

（1）血球计数板清洗干净。

（2）血球计数板进行自然干燥。

（3）对酵母菌液进行适当的梯度稀释。取原液 1mL 到试管中，用移液管移取 9mL 水注入试管中。再取上一次稀释的菌液中的 1mL 加到另一支试管中，加 9mL 水。依此类推，即可得到一系列稀释梯度的菌液。

（4）加样品。血球计数板盖上盖玻片，将酵母菌悬液摇匀，用无菌滴管吸取少许菌液，从计数板平台两侧的沟槽内沿盖玻片的下边缘滴入一滴，利用表面张力，沟槽中会流出多余的菌悬液。加样后静置 5min，使细胞或孢子自然沉降。

（5）将加有样品的血球计数板置于显微镜载物台上，先用低倍镜找到计数室所在位置，然后换成高倍镜进行计数。若发现菌液太浓，需重新调节稀释度后再计数。一般样品稀释度要求每小格内有不多于 8 个菌体。每个计数室选 5 个中格（可选 4 个角和中央的一个中格）中的菌体进行计数。若有菌体位于格线上，则计数原则为计上不计下、计左不计右。如遇酵母出芽，芽体全记或全不计。

（6）实验完毕后，将血球计数板及盖玻片进行清洗、干燥，放回盒中，以备下次使用。

五、思考题

1. 为什么计数室内不能有气泡？产生气泡的原因是什么？

2. 能否用血球计数板在油镜下进行计数？为什么？

3. 当两种不同规格的计数板测同一样品时，其结果是否相同？

4. 根据自己体会，说明血球计数板计数的误差主要来自哪些方面，如何减少误差。

实验 7　微生物细胞的稀释平板计数法

一、实验目的

1. 了解平板菌落计数的基本原理和方法。

2. 熟练掌握倒平板技术、系列稀释原理及操作方法，浇注平板培养法和涂布平板培养法。

二、实验原理

平板菌落计数法是将待测样品经适当稀释之后，其中的微生物充分分散成单个细胞，取一定量的稀释样液接种到平板上，经过培养，由每个单细胞生长繁殖而形成肉眼可见的菌落，即一个单菌落应代表原样品中的一个单细胞。统计菌落数，根据其稀释倍数和取样接种量即可换算出样品中的含菌数。但是，由于待测样品往往不易完全分散成单个细胞，所以，长成的一个单菌落也可能来自样品中的 2～3 个或更多个细胞。因此平板菌落计数的结果往往偏低。为了清楚地阐述平板菌落计数的结果，现在已倾向使用菌落形成单位（cfu）而不以绝对菌落数来表示样品的活菌含量。

平板菌落计数法虽然操作较烦琐，需要培养一段时间才能获得结果，而且测定结果易受多种因素的影响，但是，由于该计数方法的最大优点是可以获得活菌的信息，所以被广泛用于生物制品检验（如活菌制剂），以及食品、饮料和水（包括水源水）等的含菌指数或污染程度的检测。

三、实验器材

1. 菌种

大肠杆菌悬液。

2. 溶液或试剂

牛肉膏蛋白胨培养基。

3. 仪器或其他用具

1mL 无菌吸管、无菌平皿、盛有 4.5mL 无菌水的试管、试管架、记号笔、恒温培养箱等。

四、实验操作

(一) 无菌器材的准备

(1) 无菌培养皿：取培养皿 9 套进行包扎、灭菌。

(2) 无菌水：取 6 支试管，分别装入 4.5mL 蒸馏水，加棉塞后进行灭菌。

(二) 样品稀释液的制备

1. 编号

取无菌平皿 9 套，分别用记号笔标明 10^{-4}、10^{-5}、10^{-6}（稀释度）各 3 套。另取 6 支盛有 4.5mL 无菌水的试管，依次标明 10^{-1}、10^{-2}、10^{-3}、10^{-4}、10^{-5}、10^{-6}。

2. 稀释

用 1mL 移液器吸取 0.5mL 已充分混匀的菌悬液（待测样品），至 10^{-1} 的试管中，此即为 10 倍稀释。

将 10^{-1} 试管置试管振荡器上振荡，使菌液充分混匀。用 1mL 移液器在 10^{-1} 试管中来回吹吸菌悬液三次，进一步将菌体分散、混匀。吹吸菌液时不要太猛太快，吸时吸管伸入管底，吹时吸管离开液面。混匀后吸取 0.5mL 至 10^{-2} 试管中，此即为 100 倍稀释。其余依此类推，整个过程如图 1-6 所示。

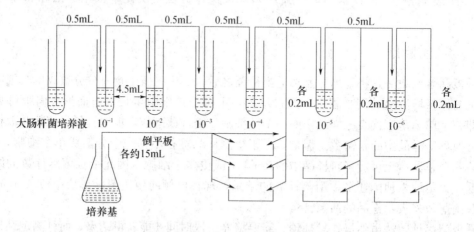

图 1-6　平板菌落计数操作步骤

（三）平板接种培养

平板接种培养有浇注平板培养法和涂布平板培养法两种方法。

1. 浇注平板培养法

（1）取样：用 3 支 1mL 无菌吸管分别吸取 10^{-4}、10^{-5} 和 10^{-6} 的稀释菌悬液各 1mL，对号放入相应编号的无菌平皿中，每个平皿放菌液 0.2mL。

吸管每次不能只吸取靠吸管尖部的 0.2mL 稀释菌液放入平皿中，这样容易加大同一稀释度几个重复平板间的操作误差。

（2）倒平板：尽快向上述盛有不同稀释度菌液的平皿中倒入融化后冷却至 45℃的培养基约 15 毫升/平皿，置水平位置迅速旋动平皿，使培养基与菌液混合均匀，而又不使培养基荡出平皿或溅到平皿盖上。待培养基凝固后，将平板倒置于 37℃恒温培养箱中培养。

由于细菌易吸附到玻璃器皿表面，所以菌液加入到培养皿后，应尽快倒入融化并已冷却至 45℃的培养基，立即摇匀，否则细菌将不易分散或长成的菌落连在一起，影响计数。

2. 涂布平板培养法

平板菌落计数法的操作除上述倾注倒平板的方式以外，还可以用涂布平板的方式进行。二者操作基本相同，所不同的是后者先将培养基融化后倒平板，待凝固后编号，并于 37℃的温箱中烘烤 30min，或在超静工作台上适当吹干，然后用无菌吸管吸取稀释好的菌液对号接种于不同稀释度编号的平板上，并尽快用无菌玻璃涂棒将菌液在平板上涂布均匀，平放于实验台上 20～30min，使菌液渗入培养基表层内，然后倒置于的恒温箱中培养 24～48h

（图 1-7）。

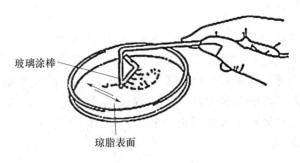

玻璃涂棒

琼脂表面

图 1-7 平板涂布操作

涂布平板用的菌悬液量一般以 0.1mL 较为适宜，如果过少，菌液不易涂布开；过多则在涂布完成后或在培养时菌液仍会在平板表面流动，不易形成单菌落。

（四）计数和报告

（1）操作方法：培养到时间后，计数每个平板上的菌落数。可用肉眼观察，必要时用放大镜检查，以防遗漏。在记下各平板的菌落总数后，求出同稀释度的各平板平均菌落数，计算出原始样品中每克（或每毫升）中的菌落数，进行报告。

（2）到达规定培养时间，应立即计数。如果不能立即计数，应将平板放置于温度为 0～4℃环境下，但不得超过 24h。

（3）计数时应选取菌落数在 30～300 之间的平板，若有两个平板稀释度均在 30～300 之间时，按国家标准方法要求应以二者比值决定，比值小于或等于 2 取平均数，比值大于 2 则取其较小数字（有的规定不考虑其比值大小，均以平均数报告）。

（4）若所有稀释度均不在计数区间，如均大于 300，则取最高稀释度的平均菌落数乘以稀释倍数报告之。如均小于 30，则以最低稀释度的平均菌落数乘以稀释倍数报告之。如菌落数有的大于 300，有的又小于 30，但均不在 30～300 之间，则应以最接近 300 或 30 的平均菌落数乘以稀释倍数报告之。如所有稀释度均无菌落生长，则应按小于 1 乘以最低稀释倍数报告之。有的规定对上述几种情况计算出的菌落数按估算值报告。

（5）不同稀释度的菌落数应与稀释倍数成反比（同一稀释度的二个平板的菌落数应基本接近），即稀释倍数越高菌落数越少，稀释倍数越低菌落数越多。如出现逆反现象，则应视为检验中的差错，不应作为检样计数报告的依据。

（6）当平板上有链状菌落生长时，如呈链状生长的菌落之间无任何明显界限，则应作为一个菌落计，如存在有几条不同来源的链，则每条链均应按一个菌落计算，不要把链上生长的每一个菌落分开计数，如有片状菌落生长，该平板一般不宜采用，如片状菌落不到平板一半，而另一半又分布均匀，则可以半个平板的菌落数乘 2 代表全平板的菌落数。

（7）当计数平板内的菌落数过多（即所有稀释度均大于 300 时），但分布很均匀，可取平板的一半或 1/4 计数。再乘以相应稀释倍数作为该平板的菌落数。

（8）菌落数的报告，按国家标准方法规定菌落数在 1～100 时，按实有数字报告，如大于 100 时，则报告前面两位有效数字，第三位数按四舍五入计算。固体检样以克（g）为单位报告，液体检样以毫升（mL）为单位报告，表面涂擦则以平方厘米（cm²）报告。

每毫升中菌落形成单位（cfu）＝同一稀释度三次重复的平均菌落数×稀释倍数×5

五、思考题

1. 为什么溶化后的培养基要冷却至 45℃左右才能倒平板？
2. 要使平板菌落计数准确，需要掌握哪几个关键？为什么？
3. 同一种菌液用血球计数板和平板菌落计数法同时计数，所得结果是否一样？为什么？
4. 试比较平板菌落计数法和显微镜下直接计数法的优缺点。
5. 浇注平板培养法和涂布平板培养法，平板上长出的菌落有何不同？为什么要培养较长时间（48h）后观察结果？

实验 8 最大或然数（MPN）法测定微生物数目

一、实验目的

通过对好气性自生固氮菌的计数，了解最大或然数（MPN）的原理和方法。

二、实验原理

最大或然数（Most Probable Number，MPN）计数又称稀释培养计数，适用于测定在一个混杂的微生物群落中虽不占优势，但却具有特殊生理功能的类群。其特点是利用待测微生物的特殊生理功能的选择性来摆脱其他微生物类群的干扰，并通过该生理功能的表现来判断该类群微生物的存在和丰度。本方法特别适合于测定土壤微生物中的特定生理群（如氨化、硝化、纤维素分解、固氮、硫化和反硫化细菌等）的数量和检测污水、牛奶及其他食品中特殊微生物类群（如大肠菌群）的数量，缺点是只适用于进行特殊生理类群的测定，结果也较粗放，只有在因某种原因不能使用平板计数时才采用。

MPN 计数是将待测样品作一系列稀释，一直稀释到将少量（如 1mL）的稀释液接种到新鲜培养基中没有或极少出现生长、繁殖。根据没有生长的最低稀释度与出现生长的最高稀释度，采用"最大或然数"理论，可以计算出样品单位体积中细菌数的近似值。具体地说，菌液经多次 10 倍稀释后，一定量菌液中细菌可以极少或无菌，然后每个稀释度取 3～5 次重复接种于适宜的液体培养基中。培养后，将有菌液生长的最后 3 个稀释度（即临界级数）中出现细菌生长的管数作为数量指标，由最大或然数表上查出近似值，再乘以数量指标第一位数的稀释倍数，即为原菌液中的含菌数。

如某一细菌在稀释法中的生长情况见表 1-2。

表 1-2 某一细菌在稀释法中的生长情况

稀释度	10^{-3}	10^{-4}	10^{-5}	10^{-6}	10^{-7}	10^{-8}
重复数	5	5	5	5	5	5
出现生长的管数	5	5	5	4	1	0

根据以上结果，在接种 10^{-3}～10^{-5} 稀释液的试管中 5 个重复都有生长，在接种 10^{-6} 稀释液的试管中有 4 个重复生长，在接种 10^{-7} 稀释液的试管中只有 1 个生长，而接种 10^{-8} 稀释液的试管全无生长。由此可得出其数量指标为"541"，查最大或然数表得近似值为 17，

然后乘以第一位数的稀释倍数（10^{-5} 的稀释倍数为 100000）。那么，1mL 原菌液中的活菌数 ＝17×100000＝17×10^5，即每毫升原菌液含活菌数为 1700000 个。

在确定数量指标时，不管重复次数如何，都是 3 位数字，第一位数字必须是所有试管都生长微生物的某一稀释度的培养试管，后两位数字依次为以下两个稀释度的生长管数，如果再往下的稀释仍有生长管数，则可将此数加到前面相邻的第三位数上即可。

如某一微生物生理群稀释培养记录为（表 1-3）：

表 1-3 某一微生物生理群稀释培养记录

稀释度	10^{-1}	10^{-2}	10^{-3}	10^{-4}	10^{-5}	10^{-6}
重复数	4	4	4	4	4	4
出现生长的管数	4	4	3	2	1	0

根据表 1-3，可将最后一个数字加到前一个数字上，即数量指标为"433"，查表得近似值为 30，则每毫升原菌液中含活菌 30×10^2 个。按照重复次数的不同，最大或然数表又分为三管最大或然数表、四管最大或然数表和五管最大或然数表。

应用 MPN 计数，应注意两点：一是菌液稀释度的选择要合适，其原则是最低稀释度的所有重复都应有菌生长，而最高稀释度的所有重复无菌生长，对土壤样品而言，分析每个生理群的微生物需 5～7 个连续稀释液分别接种，微生物类群不同，其起始稀释度不同；二是每个接种稀释度必须有重复，重复次数可根据需要和条件而定，一般 2～5 个重复，个别也有采用 2 个重复的，但重复次数越多，误差就会越小，结果就会越正确，不同的重复次数应按其相应的最大或然数表计算结果。

若要求出土壤样品中每克干土所含的活菌数，则要将前述两例中所得的每毫升菌数除以干土在土壤样品中所占的质量分数（烘干后的土壤样品质量/原始土壤样品的质量）。

计算式为：

$$活菌数 / 每克干土 = \frac{菌数近似值 \times 数量指标第一位数的稀释度}{土壤样品中干土所占的质量分数}$$

三、实验器材

1. 土壤样品

肥沃菜园土。

2. 培养基

阿须贝（Ashby）无氮培养液 22 管（每管装 5mL 培养液，加 1cm×4.5cm 滤纸 1 条）。

3. 仪器或其他用具

90mL 无菌水（装入 250mL 三角瓶中，并装有 15～20 个玻璃珠）、9mL 无菌水、1mL 刻度无菌吸管、试管架、记号笔。

四、实验操作

（1）称取 10g 土壤样品，放入 90mL 无菌水中，振荡 20min，让菌充分分散，然后按 10 倍稀释法将供试土样制成 10^{-1}～10^{-6} 的土壤稀释液。

（2）将 22 支装有 Ashby 无氮培养液的试管按纵 4 横 5 的方阵排列于试管架上，第一纵列的 4 支试管上标注 10^{-2}，第二纵列的 4 支试管上标注 10^{-3}，依此类推，第五纵列的 4 支

试管上标注 10^{-6}（即采用 5 个稀释度，4 个重复），另外 2 支试管留作对照。

（3）用 1mL 无菌吸管按无菌操作要求吸取 10^{-6} 的土壤稀释液各 1mL 放入编号 10^{-6} 的 4 支试管中，再吸取 10^{-5} 稀释液各 1mL 放入编号 10^{-5} 的 4 支试管中，同法吸取 10^{-4}、10^{-3}、10^{-2} 稀释液各 1mL 放入各自对应编号的试管中。对照管不加稀释液。

（4）将所有试管置 28～30℃ 环境中培养 7d 后观察结果。

（5）精确称取 3 份 10g 稀释用土，放入称量瓶中，置于 105～110℃ 条件下烘 2h 后放入干燥器中，至恒重后称重，然后计算干土在土壤样品中所占的质量分数。

（6）培养 7d 后，取出试管，检查实验结果。凡有固氮菌生长的试管，则培养液与滤纸接触处有黑褐色或粘液状菌膜，即为阳性，否则为阴性。对照管应为阴性。依次检查每支试管中的生长情况，计算每克干土所含的活菌数。

五、思考题

1. 简述 MPN 计数法的原理。
2. MPN 计数法有哪些局限性？

第二章 培养基制备和灭菌消毒技术

实验 9　培养基制备

一、实验目的

1. 明确培养基的配制原理。

2. 熟悉玻璃器皿洗涤和灭菌前的准备工作，掌握各类物品的包装技术。

3. 掌握基础培养基的配制、分装培养基的一般方法和步骤，同时掌握无菌水的配制方法（本实验可为第三章做好实验准备）。

二、实验原理

培养基是人工配制的适合微生物生长繁殖或积累代谢产物的营养基质，用以培养、分离、鉴定、保存各种微生物或积累代谢产物。在自然界中，微生物种类繁多，营养类型多样，加之实验和研究的目的不同，所以，培养基的种类也很多。按照配制培养基的营养物质来源，可将培养基分为天然培养基、合成培养基和半合成培养基三类；按培养基外观的物理状态，可将培养基分成三类，即液体培养基、固体培养基和半固体培养基；按照培养基功能和用途，可将培养基分为基础培养基、加富培养基、选择培养基、鉴别培养基。但是，不同类型的培养基中，一般应含有水分、碳源、氮源、无机盐、生长因子等。不同微生物对 pH 要求不一样，霉菌和酵母菌培养基的 pH 一般是偏酸性的，而细菌和放线菌培养基的 pH 一般为中性或微碱性。所以配制培养基时，都要根据不同微生物的要求将培养基的 pH 调到合适的范围。由于微生物种类及代谢类型的多样性，培养基的种类也不同，它们的配方及配制法也各有差异，但一般的配制过程大致相同。

多数培养基的配制是采用一部分天然有机物作为碳源、氮源和生长因子的来源，再适当加入一些化学药品，属于半合成培养基，其特点是使用含有丰富营养的天然物质，再补充适量的无机盐，配制十分方便，能充分满足微生物的营养需求，大多数微生物都能在此培养基上生长。本实验配制的培养基就是此类。

三、实验器材

1. 药品

牛肉膏、蛋白胨、NaCl、琼脂。

2. 试剂

10％的 NaOH 溶液，10％的 HCl 溶液、蒸馏水。

3. 器皿

试管、锥形瓶、培养皿、刻度移液管、烧杯、量筒、玻璃棒、滴管、电子天平、灭菌锅、干燥箱等。

4. 其他物品

纱布、pH试纸（5.5～9.0）、牛皮纸（或报纸）、石棉网、电炉子、药匙、铁架台、漏斗、线手套、棉花（或透气胶塞）、弹簧止水夹、乳胶管、橡皮筋、称量纸、记号笔、玻璃珠等。

四、实验操作

（一）玻璃器皿的准备

1. 洗涤

玻璃器皿在使用前必须洗涤干净。培养皿、试管、锥形瓶等可用肥皂、洗衣粉或去污粉洗刷并用自来水冲洗，再用蒸馏水冲洗1～2次，玻璃壁上不挂水珠为净。移液管先用洗液浸泡，再用水冲洗干净。洗刷干净的玻璃器皿自然晾干或干燥箱烘干，备用。

2. 包装

（1）移液管的包装：移液管的吸端用细铁丝将少许棉花（或牙签）塞入形成1～1.5cm长的棉塞，起过滤作用（以防细菌吸入口中）。棉塞要塞得松紧适宜，吸时既能通气，又不致使棉花滑入管内。然后将塞好棉塞的移液管的尖端，放置4～5cm宽的长纸条的一段，移液管与纸条约成30°夹角，折叠包装纸包住移液管的尖端（图2-1），用左手将移液管压紧，在桌面上向前搓转，纸条螺旋式地附在移液管外面，余下的纸折叠打结，待灭菌。

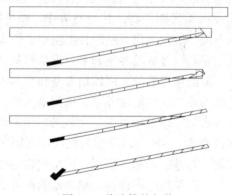

图2-1 移液管的包装

（2）培养皿的包装：培养皿由一底一盖组成一套，用牛皮纸或报纸将6套（6～10套均可）培养皿（皿底朝里，皿盖朝外，两两相对而放）包好，如图2-2所示。

图2-2 培养皿的包装

（3）棉塞的制作：按试管口的大小估计用棉量，将棉花铺成中间厚、周围逐渐变薄的近正方形，折一个角后（成五边形）卷成卷，一手握粗端，将细端塞入试管的口内，一般为3/5塞入管内（图2-3）。棉塞不宜过松或过紧，用手提棉塞不掉下为宜。现有一些市售的棉塞替代品，如硅胶塞等（图2-4），均可使用。

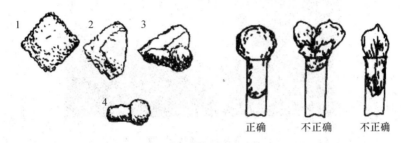

正确　　　不正确　　　不正确

图 2-3　棉塞的制作

图 2-4　试管用硅胶塞

（4）纱布的制作：将纱布铺平，按照锥形瓶口大小估计纱布的大小。为了保证纱布成正方形，在确定纱布大小的同时，抽取掉纱布的一根丝线，按线裁剪，然后进行折叠，层数为8～12层，纱布大于锥形瓶口的3～5倍（图2-5）。现有一些市售的无菌透气封口培养膜可以替代纱布（图2-6）。

图 2-5　纱布的制作

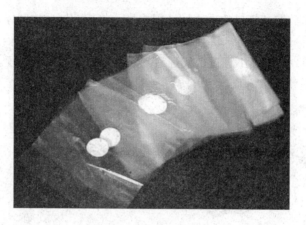

图 2-6　无菌透气封口膜

（二）培养基的制备

牛肉膏蛋白胨是细菌学研究中最常用的基础培养基，其中，液体培养基又称为肉汤培养基，固体培养基是在液体培养基中加入琼脂使其呈现固态。

牛肉膏蛋白胨培养基的配方为：牛肉膏 5g，蛋白胨 10g，NaCl 5g，琼脂 15～20g，水 1000mL，pH7.0～7.5。

1. 称量药品

按照实际用量称取牛肉膏、蛋白胨、NaCl 放入适当的烧杯中。

2. 加热溶解

在烧杯中加入 1/3 所需的水量，然后放在石棉网上加热，同时用玻璃棒不断地搅拌，药品全部溶解后再补充水分至所需量。如果同时需要配置固体培养基，需将称好的琼脂放入已经溶解的药品中，再用小火加热，必须同时用玻璃棒不断搅拌，防止琼脂糊底或溢出，最后补足所失的水分。

3. 调整 pH 值

用玻璃棒蘸少许液体，测定 pH 值，若 pH 值小偏酸，可逐滴加入 10% 的 NaOH，边加边搅拌，并随时用 pH 试纸检测，直至 pH 值达到 7.0～7.5。若 pH 值大偏碱，则用 10% 的 HCl 进行调整。

4. 分装

（1）分装锥形瓶：培养基分装量一般以不超过锥形瓶总容量的 3/5 为宜，若分装过多，灭菌室培养基易沾污棉花而导致染菌（图 2-7）。

(a) 配制时纱布塞法　　　　(b) 灭菌时包牛皮纸　　　　(c) 培养时纱布翻出

图 2-7　分装锥形瓶

（2）分装试管：分装试管时，取一个玻璃漏斗，置于铁架台上，漏斗下接一根乳胶管，乳胶管下端接一根玻璃管，乳胶管上装一个弹簧夹。将培养基趁热加至漏斗中（图2-8），分装时左手并排拿数根试管，右手控制弹簧夹，将培养基依次加入各个试管中。用于制作斜面培养基时，一般装量不超过试管高度的1/5。分装时谨防培养基沾在管口上，否则会使棉塞沾上培养基而造成染菌。

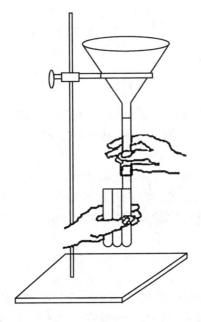

图2-8 培养基的分装

5. 包扎

加塞后，应将5支、7支或11支试管放在一起，在棉塞外包一层牛皮纸，并用橡皮筋（或绳）扎好。锥形瓶的纱布外包一层牛皮纸或双层报纸，以防灭菌室冷凝水沾湿纱布。然后用记号笔注明培养基名称、日期等。

6. 灭菌

于121℃条件下，高压湿热灭菌30min（具体操作参见本章实验11）。

7. 制作斜面

灭菌后如需制成斜面培养基，则要趁热将试管搁置成一定的斜度，斜面高度不超过试管总高度的1/2～1/3（图2-9）。待斜面凝固后，再进行收存，备用。

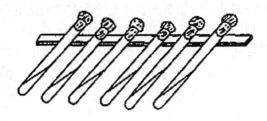

图2-9 斜面的制作

29

（三）稀释水的制备

1. 锥形瓶稀释水的制备

在一个 250mL 的锥形瓶中装入 90mL 蒸馏水（或 99mL），放约 30 颗玻璃珠（用于打碎活性污泥、菌块或土壤颗粒）于锥形瓶内，塞好纱布、包扎后灭菌备用。

2. 试管稀释水的制备

另取 5～10 支大试管或中试管，分别装入 9mL 蒸馏水，塞好棉塞（或硅胶塞），包扎后灭菌备用。

五、注意事项

1. 药品称完后应及时将瓶盖盖紧，药匙不可混用，多出的药品不能倒回药品瓶中。

2. 如果需要调整培养基的 pH 值，应小心操作，避免过头，以免回调而影响培养基内各离子的浓度。

3. 应根据不同培养基的配制特点，确定具体操作过程。

4. 由于配制培养基的各类营养物质和容器等均含有各种微生物，因此，培养基配制完成后必须立即灭菌，若不能及时灭菌应暂时冷藏，以防止其中的微生物生长而改变培养基比例和酸碱度所带来的不利影响。

六、思考题

1. 培养基是根据什么原理配制而成的？牛肉膏蛋白胨培养基中的不同成分各起什么作用？

2. 配制培养基有几个主要步骤？在操作过程中应注意什么问题？

3. 制作斜面时如何进行分装？分装过程中应注意什么？

实验 10　常用微生物消毒方法

一、实验目的

1. 掌握消毒的原理和消毒剂的配制方法，了解消毒的概念和应用范围。

2. 掌握化学消毒剂的种类和应用。

二、实验原理

消毒是用较温和的物理或化学方法杀死物体上绝大多数的微生物，主要是病原微生物和有害微生物的营养细胞，但不一定能杀死细菌芽孢的方法。通常用化学的方法来达到消毒的作用。用于消毒的化学药物叫做消毒剂，一般消毒剂在常用浓度条件下只对细菌的繁殖体有效，而对芽孢无效。防腐是指防止或抑制微生物生长繁殖的方法，细菌一般不死亡，用于防腐的化学药物叫做防腐剂。在微生物学实验、生产和科学研究中，微生物要进行纯培养，因此，需要对环境进行消毒和灭菌。

许多化学药剂能影响微生物的化学组成、物理结构和生理活动，从而发挥防腐、消毒和灭菌的作用。消毒防腐药物一般都对人体组织有害，只能外用或用于环境的消毒。根据化学消毒剂的杀菌机制不同，主要分以下几类：① 促进菌体蛋白质变性或凝固，例如酚类（高浓度）、醇类、重金属盐类（高浓度）、酸碱类、醛类；② 干扰细菌的酶系统和代谢，例如某些氧化剂、重金属盐类（低浓度）与细菌的-SH 基结合使有关的酶失去活性；③ 损伤菌细胞膜，例如酚类（低浓度）、表面活性剂、脂溶剂等，能降低菌细胞的表面张力并增加其通透性，胞外液体内渗，致使微生物细胞破裂。

影响消毒灭菌效果的因素颇多，与消毒剂的种类、性质、浓度，微生物的种类、数量及二者接触时间的长短、温度、环境等因素都有关系。

各种化学消毒剂的作用机制不一，而且杀灭微生物的效果也有差别，本实验主要证明几种消毒剂在不同浓度下对不同细菌的作用。

三、实验器材

1. 菌种

葡萄球菌和大肠杆菌 18～24h 的培养液。牛肉膏蛋白胨固体培养基，制备好的平板。

2. 器皿

烧杯、容量瓶、广口瓶、量筒、天平、药匙、玻璃棒、移液管等。

3. 药品

石炭酸、来苏尔、碘酒、结晶紫、乙醇、过氧乙酸等。

4. 其他物品

直径为 6mm 无菌滤纸片若干、镊子、无菌棉签、记号笔、培养箱等。

四、实验操作

(一) 试剂的配制

1. 甲醛

甲醛无论在气态或溶液状态下均能凝固蛋白质、溶解脂类，还能与氨基结合使蛋白质变性，因此具有较强大的广谱杀菌作用，对细菌繁殖体、芽孢、真菌和病毒均有效，消毒方法一是熏蒸消毒，适用于室内、器具的消毒，每立方米空间用甲醛溶液 20mL 加等量水，然后加热使甲醛变为气体熏蒸消毒，温度应不低于 15℃，相对湿度为 60%～80%，消毒时间为 8～10h；方法二是用 2% 的甲醛水溶液，用于地面消毒，每 100m² 空间用 13mL。

2. 环氧乙烷

环氧乙烷是广谱、高效、穿透力强，对消毒物品损害轻微的消毒灭菌剂，常用环氧乙烷消毒浓度为 400～800mg/m³，常用于大宗皮毛的熏蒸消毒，不足之处是环氧乙烷含量超过 3% 时易燃、易爆，对人体有一定的毒性，一定要小心使用。

3. 过氧乙酸

过氧乙酸具有强大的氧化能力，能杀灭病原微生物，对各种细菌繁殖体、芽孢、病毒等都有很强的杀灭效果，较低的浓度就能有效地抑制细菌、霉菌繁殖。常用 0.5% 过氧乙酸溶液喷洒消毒畜舍、饲槽、车辆等。0.04%～0.2% 过氧乙酸溶液用于塑料、玻璃、搪瓷和橡胶制品的短时间浸泡消毒；5% 过氧乙酸溶液每立方米空间喷雾需 2.5mL 用于消毒密闭的试验室、无菌间、仓库等；0.3% 过氧乙酸溶液每立方米空间喷雾需 30mL，用于消毒鸡舍。

4. 常用的含氯消毒剂

(1) 漂白粉：主要为次氯酸钙（32%～36%）、氯化钙（29%）、氧化钙（10%～18%）、氢氧化钙（15%）的混合物，通常用 $CaOCl_2$ 代表其分子式，漂白粉溶于水后形成次氯酸，由于氧化作用和抑制细菌的巯基酶起消毒作用，对细菌、病毒、真菌等都有杀灭力。漂白粉中含有效氧为 25%～32%，一般按 25% 计算，若漂白粉中有效氧含量低于 15% 则不能使用。

（2）二氯异氰脲酸钠，广谱消毒剂，对细菌繁殖体、病毒、真菌孢子和细菌芽孢都有较强的杀灭作用，二氯异氰脲酸钠易溶于水，产生次氯酸从而起消毒作用。

5. 酚类消毒剂

酚类消毒剂以复合酚使用最为广泛，呈酸性反应，具有很浓的来苏味，是新型广谱、中等效力的消毒剂。酚类消毒剂可杀灭细菌、霉菌和病毒，主要用于畜舍、笼具、场地、车辆消毒，用法用量是喷洒，浓度为 0.35%～1% 的水溶液；严重污染的环境可以适当加大浓度，增加喷洒次数。由于本品为有机酸，因此，禁止与碱性药物及其他消毒药物混用。

6. 烧碱

烧碱能溶解蛋白质，破坏病原体的酶系统和菌体结构，从而起到消毒作用，烧碱的消毒作用主要取决于氢氧离子浓度及溶液的温度，一般使用浓度为 2% 的水溶液，烧碱对机体和用具等有腐蚀作用，使用时要小心。

7. 生石灰（氧化钙）

生石灰以刚出窑的为上品，氧化钙与水混合时生成氢氧化钙（消石灰），本品对大多数繁殖体型病原微生物有较强的杀灭作用，但对炭疽芽孢无效，一般配成 100% 的石灰乳涂刷厩舍墙壁、畜栏及地面消毒等。

实验室常用的化学消毒剂和防腐剂的类型和浓度见表 2-1。试剂配制完成后，要标明品名、浓度、配制时间等信息，备用。

表 2-1　常用化学消毒剂和防腐剂

类型	实例	常用浓度	应用范围
醇类	乙醇	70%～75%	皮肤及器械消毒
酸类	乳酸	0.33～1mol/L	空气消毒（喷雾或熏蒸）
	食醋	3～5mL/m³	熏蒸空气消毒、可预防流感
碱类	石灰水	1%～3%	地面消毒，粪便消毒等
酚类	石炭酸	5%	空气消毒、地面或器皿消毒
	来苏尔	2%～5%	空气消毒、皮肤消毒
醛类	甲醛（福尔马林）	40%溶液 2～6mL/m³	接种室、接种箱或器皿消毒
重金属离子	升汞	0.1%	植物组织（或根瘤）表面消毒
	硝酸银	0.1%～1%	皮肤消毒
	硫柳汞	0.01%	生物制品防腐
氧化剂	高锰酸钾	0.1%～3%	皮肤、水果、蔬菜、器皿消毒
	过氧化氢	3%	清洗伤口、口腔黏膜消毒
	氯气	0.2～1ppm	饮用水消毒等
	漂白粉	1%～5%	培养基容器、饮水和厕所消毒
	过氧乙酸	0.2%～0.5%	塑料、玻璃、皮肤消毒灯

类型	实例	常用浓度	应用范围
染料	结晶紫	2%～4%	外用紫药水、浅疮口消毒
表面活性剂	新洁尔灭	1:20 水溶液	皮肤及不能遇热器皿的消毒
季铵盐类	杜灭芬（消毒宁）	0.05%～0.1%	皮肤疮伤冲洗、棉织品、塑料、橡胶物品消毒
烷基化合物	环氧乙烷	50mg/100mL	手术器械、敷料、搪瓷类灭菌
金属螯合剂	8-羟喹啉硫酸盐	0.1%～0.2%	外用清洗消毒

（二）抑菌效果的测试

（1）分别用无菌棉签蘸取葡萄球菌和大肠杆菌菌液，均匀涂在平板表面。

（2）用镊子夹取无菌滤片各 2 张，分别浸于相应浓度的石炭酸、来苏尔、碘酒、结晶紫、过氧乙酸消毒剂内。取出时，将纸片在杯管壁上滑行，去掉多余的药液，分别贴在已经涂有细菌的平板表面，使纸片之间间隔一定距离，并大致相等。

（3）在培养皿上做好标记，放在 37℃恒温培养箱中培养 24h。

（4）观察纸片周围出现的大小不同的抑菌圈。

五、化学消毒剂的使用原则

（1）根据物品的性能及病原体的特性，选择合适的消毒剂。

（2）严格掌握消毒剂的有效浓度、消毒时间和使用方法。

（3）需消毒的物品应洗净擦干，浸泡时打开轴节，将物品浸没于溶液里。

（4）消毒剂应定期更换，挥发剂应加盖并定期测定密度，及时调整浓度。

（5）浸泡过的物品，使用前需用无菌等渗盐水冲洗，以免消毒剂刺激人体组织。

化学消毒剂在使用过程中，应根据不同类型消毒剂的特点，加以适当的选择。根据不同消毒场所（室内、室外、大门消毒池等）、不同要求（空栏舍、带畜禽、饮水等），不同的消毒方法（喷洒、浸泡、熏蒸等），不同的气候条件、环境卫生、有机物等情况，选择合适的消毒剂。

六、思考题

1. 化学消毒剂的种类有哪些？

2. 消毒剂和防腐剂的工作原理是什么？

3. 培养基出现的抑菌圈说明什么？

实验 11　微生物灭菌技术

一、实验目的

1. 了解灭菌的概念和应用范围。

2. 掌握蒸汽高压灭菌的实验操作过程和注意事项。

3. 熟悉各种微生物的灭菌方法。

二、实验原理

灭菌是指灭活物体中所有微生物的繁殖体和芽孢的过程。灭菌的过程就是使蛋白质和核酸等生物大分子发生变性，从而达到使微生物灭活的作用，一般包括干热灭菌（火焰灭菌和干热灭菌）、湿热灭菌（常压蒸汽灭菌和高压蒸汽灭菌）、过滤除菌、紫外线灭菌和化学灭菌等，实验室中最常用的是干热灭菌和高压蒸汽灭菌。

干热灭菌是利用高温使微生物细胞内的蛋白质凝固变性而达到灭菌的目的。细胞内的蛋白质凝固变性与其本身的含水量有关，在菌体受热时，环境和细胞内含水量越大，蛋白质凝固就越快，反之含水量越少，凝固越缓慢。因此，与湿热灭菌相比，干热灭菌所需的温度要高（160～170℃），时间要长（1～2h），但干热灭菌温度不能超过180℃，否则，包装器皿的纸或棉塞就会烧焦，甚至引起燃烧。

高压蒸汽灭菌是将待灭菌的物品放在一个密闭的加压灭菌锅内，通过加热，使灭菌锅隔套间的水沸腾而产生蒸汽。待水蒸气急剧地将锅内的冷空气从排气阀中驱尽后，关闭排气阀，继续加热，此时由于蒸汽不能溢出，从而增加了灭菌锅内的压力，使沸点增高，得到高于100℃的温度，导致菌体蛋白质凝固变性而达到灭菌的目的。

紫外线的主要杀菌机制是生成胸腺嘧啶二聚体，干扰核酸复制。紫外线穿透力弱，适合空气和物品表面消毒。

过滤除菌法是通过特定的细菌滤器来除去液体中细菌的方法，许多物质如血清、毒素、抗生素、酶、维生素等不耐热、经化学杀菌剂处理又极易变质的物质，均可采用过滤除菌法达到无菌的目的。它是利用过滤介质孔径的机械阻力和静电吸引力的作用而除菌的。

三、实验器材

1. 物品

培养基，稀释水（实验9中准备灭菌的相关物品）、接种针（或接种环）等。

2. 仪器

空气干燥箱、高压蒸汽灭菌锅（图2-10）、化学消毒剂、无菌室、超净工作台等。

3. 器皿

烧杯、锥形瓶。

四、实验操作

（一）干热灭菌

（1）将待灭菌的物品包扎好，放入空气干燥箱中，切勿堆塞量太大。

（2）将空气干燥箱中的温度调节到所需的温度，打开干燥箱电源和鼓风机开关，让箱内温度逐渐上升至160℃，持续加热2h，切断电源。

（3）待箱内温度降至与室温相近时（至少降到40℃以下），方可打开箱门，取出已被灭菌的物品，否则，冷空气突然进入，会使玻璃器具炸裂或灼烧皮肤。

注意：
　　（1）用水洗过的玻璃器皿，先晾干后再放入干燥箱内灭菌，以防突然高热发生炸裂。
　　（2）干热灭菌比湿热灭菌需要更高的温度与更长的时间，通常在160～170℃情况下加热2h，可杀灭一切微生物，包括芽孢。
　　（3）注意箱内温度不可超过180℃，否则棉花、包扎用纸等将会烤焦，甚至燃烧。

　　干热灭菌中还包括火焰灭菌，即将微生物接种工具等在酒精灯或煤气火焰上灼烧以达到灭菌的目的。接种工具中的接种环、接种针及其他金属用具可以直接在火焰上灼烧灭菌。此外，在接种时，常把试管口、三角瓶口、培养皿放在火焰外侧达到无菌操作。

（二）高压蒸汽灭菌

　　1. 用前三检查
　　（1）检查储水锅内水量是否充足。
　　（2）检查压力表和安全阀是否灵活。
　　（3）查看气锅底部有无存留棉塞、琼脂凝块或杂物，以免堵塞排气孔。

　　2. 物品的放置
　　（1）报纸包扎于顶上，然后放于锅内。
　　（2）锅内放置物品时不可阻塞排气孔，也不可堆得太紧。
　　（3）空瓶、空试管或盛棉球的瓷缸等，包好后须以横卧位置放在锅内，以便蒸汽易于进入驱出其中空气，装有培养基的三角瓶应竖直放，避免倾斜后污染瓶口。放好物品后，铺上1～2层的牛皮纸，防止灭菌后打开锅盖时蒸馏水滴湿瓶口纱布或棉塞，容易染菌。将锅盖关好，再将螺旋对称扭紧，然后加热灭菌。

　　3. 高压蒸汽灭菌的三要点
　　（1）先要排尽锅内空气，当储水锅内的水被加热发出蒸汽源源进入汽锅内时，须先将排汽阀门打开，让锅内混杂有空气和水滴的蒸汽尽量排净，直待排出全是大股蒸汽（不夹杂水滴）才可关闭排气阀门，否则压力表上所显示的压力不能正确表明锅内的湿度以致灭菌不彻底。高压蒸汽灭菌是靠温度，并非依靠压力，压力只是用来提升温度。
　　（2）压力表指针到所需压力（通常为1.05kg/cm²）时，即为开始灭菌时间，持续加热15～30min。
　　（3）灭菌完毕，停止加热，让锅内压力逐渐下降，待压力表针指到"0"时，方可开启锅盖取物。若压力表指针未降至"0"即开盖，物品会冲出造成意外事故。

直立式高压灭菌锅　　　　　　　台式高压灭菌锅

图2-10　高压蒸汽灭菌锅

4. 注意事项

（1）盛物桶内的物品请勿放置过挤。

（2）冷空气必须排净，否则会影响器内温度。

（3）灭菌的温度和时间，应按所用物品的性质和应用要求严格操作，过高的温度、压力及过长的时间，均影响物品质量。

（4）锅盖在关闭后固定螺栓一定要对称旋紧，以防漏气。

（5）严格遵守操作规程，随时注意压力表所显示的压力变化情况，压力锅使用时，需有人看护，以免发生危险事故。

（三）化学灭菌

化学灭菌是利用化学药物抑制微生物的代谢活动及其菌体结构，从而起到抑菌和杀菌的作用。按对微生物的作用性质可以把化学试剂分为杀菌剂和抑菌剂，杀菌剂是指能够破坏微生物代谢机能并具有致死作用的化学试剂，如重金属离子和某些强氧化剂，抑菌剂并不能破坏微生物的原生质，而只是能够抑制新细胞物质的合成，使微生物不能繁殖，如磺胺类级抗生素。

化学杀菌剂主要用于抑制和杀灭物体表面、器械、排泄物和周围环境的微生物，抑菌剂主要用于防止皮肤、伤口等处的感染，还用作食品、药品的防腐剂。微生物实验室中常用的化学杀菌剂有氯化汞、甲醛、高锰酸钾、乙醇、碘酒等（参见实验10）。

（四）过滤除菌

过滤除菌是将液体通过某种微孔的材料（滤膜器），使微生物和液体分开，滤膜器采用微孔滤膜做材料，通常由硝酸纤维制成。当液体通过滤膜器时，大于滤膜孔径的微生物不能穿过滤膜而被阻挡在膜上（图2-11）。这种方法主要用于对热敏感的液体，如含酶或维生素的溶液。

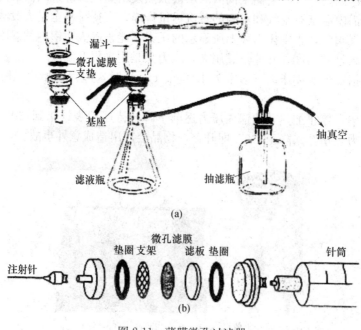

图 2-11 薄膜微孔过滤器

(a) 抽滤式；(b) 注射式

（五）紫外线杀菌

260nm 左右的紫外线能被核酸和蛋白质吸收，从而使这些分子变性失活。紫外线穿透力很差，不能穿透衣服、纸张、玻璃等物质，但是可以穿透空气，因而可用作物体表面和室内的杀菌处理。紫外灯是人工制作的低压水银灯，能辐射出波长为 253.7nm 的紫外线，一般在实验室、接种箱、接种室使用紫外灯来杀菌。

（六）无菌室和无菌工作台

在操作过程中，为避免环境和空气中的细菌污染培养物，一般要求严格地进行细菌、细胞培养的操作，均应在紫外线灭菌后的无菌室或超净工作台进行。

1. 无菌室

（1）无菌室又称洁净室，是在实验室内部安装的、与外界隔离的、用于无菌操作的工作室。普通的无菌室可用木结构和玻璃制成，室内要有空气过滤装置，应安装空调、紫外线杀菌灯、照明灯、电源和加热装置等。无菌室必须保持整洁。

（2）无菌室用前必须先经紫外线杀菌灯照射 0.5~1h，然后通风；操作结束后应擦拭台面，并再经紫外线杀菌灯照射处理，随时保持室内的无菌状态。缓冲间是其他实验室与无菌室隔离的中间区域，它能保护无菌操作的环境。

2. 无菌工作台

（1）无菌工作台又称超净工作台（图 2-12），目前多采用垂直层流的气流形式，通过变速离心机将负压箱内经过预滤器过滤的空气压入静压箱，再经过高效过滤器进行二级过滤，从出风面吹出的洁净气流，以一定的和均匀的断面风速通过工作区时，将尘埃颗粒和微生物颗粒带走，从而形成无尘无菌的工作环境。

（2）使用时应提前 1h 打开紫外线杀菌灯，0.5h 后关闭并启动送风机。净化区内严禁存放不必要的物件，以保持洁净气流少受干扰。

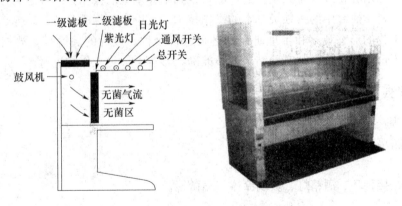

图 2-12　超净工作台

五、思考题

1. 实验室常用的灭菌方法有哪些？

2. 高压蒸汽灭菌过程中应注意什么？

3. 干热灭菌的原理是什么？

第三章　微生物的分离与培养技术

实验 12　微生物的分离与纯化

一、实验目的

1. 了解微生物分离和纯化的原理。
2. 学习掌握微生物的接种技术，建立无菌操作的概念，掌握无菌操作的基本环节。

二、实验原理

从混杂微生物群体中获得只含有某一种或某一株微生物的过程称为微生物分离与纯化。平板分离法普遍用于微生物的分离与纯化。其基本原理是选择适合于待分离微生物的生长条件，如营养成分、酸碱度、温度和氧等，或加入某种抑制剂造成只利于该微生物生长，而抑制其他微生物生长的环境，从而淘汰一些不需要的微生物。

微生物在固体培养基上生长形成的单个菌落，通常是由一个细胞繁殖而成的集合体。因此，可以通过挑取单菌落而获得一种纯培养。获取单个菌落的方法可通过稀释涂布平板或平板画线等技术完成。

将微生物的培养物或含有微生物的样品移植到培养基上的操作技术称之为接种。接种是微生物实验及科学研究中的一项最基本的操作技术。无论微生物的分离、培养、纯化或鉴定以及有关微生物的形态观察和生理研究都必须进行接种。接种的关键是要严格进行无菌操作，如操作不慎引起污染，则实验结果就不准确，影响下一步工作的进行。

三、实验器材

1. 培养基
营养琼脂培养基、伊红美蓝培养基。
2. 器皿
培养皿、接种环、酒精灯、玻璃涂棒、显微镜。

四、实验操作

1. 倒平板
将已经制备好的营养琼脂培养基加热溶化，待冷却为 55～60℃时倒入灭过菌的培养皿中。
2. 涂布
在上述培养基中用无菌吸管吸取土壤悬液的稀释液 0.2mL，小心滴在对应平板培养基表面中央位置，用无菌玻璃涂棒，右手拿无菌涂棒平放在平板培养基表面上，将菌悬液沿同心圆方向轻轻地向外扩展，使之分布均匀。室温下静置 5～10min，使菌液浸入培养基。

3. 培养

上述培养基平板倒置于 37℃温室中培养 24h。

4. 伊红美蓝培养基准备

在已经制备好的伊红美蓝培养基中加入乳糖，加热溶化琼脂，冷却为 50～55℃时加入伊红美蓝溶液，摇匀，倾注平板。

5. 分离

将培养后长出的单个菌落挑取少许细胞，用无菌玻璃涂棒，右手拿无菌涂棒平放在伊红美蓝培养基上，将少许细胞沿同心圆方向轻轻地向外扩展，使之分布均匀，置 37℃温室培养 24h。

6. 接种

操作应在无菌室、接种柜或超净工作台上进行。先点燃酒精灯，右手持接种环柄，将接种环垂直放在火焰上灼烧。镍铬丝部分（环和丝）必须烧红，以达到灭菌的目的，然后将除手柄部分的金属杆全部用火焰灼烧一遍，尤其是接镍铬丝的螺口部分，要彻底灼烧以免灭菌不彻底。用右手的小指和手掌之间或无名指和小指之间拔出试管棉塞，将试管口在火焰上通过，以杀灭可能沾污的微生物。棉塞应始终夹在手中如掉落应更换无菌棉塞。用灼烧灭菌的接种环从伊红美蓝培养基上挑取分离的单个大肠杆菌菌落，先接触无菌苔生长的培养基上，待冷却后再从平板上刮取少许菌苔取出，接种环不能通过火焰，应在火焰旁迅速插入接种管。在试管中由下往上做蛇形画线。

7. 接种结束

接种完毕，接种环应通过火焰抽出管口，并迅速塞上棉塞。再重新仔细灼烧接种环后，放回原处，并塞紧棉塞。将接种管贴好标签或用玻璃铅笔做好标记后再放入试管架中，即可进行培养。

五、思考题

1. 倒平板时要注意哪些问题？
2. 接种有哪几种常用的方法？固体斜面接种时要注意什么？

实验 13　好氧微生物的培养

一、实验目的

了解好气性微生物分离和纯化的原理，掌握常用的好气性微生物分离与培养方法。

二、实验原理

好气性细菌常称为好氧菌，又称吸氧菌。有完整的呼吸链、含超氧化物歧化酶（SOD）和过氧化氢酶、必须在有氧环境下生活的细菌。好氧性细菌在有氧环境中生长繁殖，氧化有机物或无机物的产能代谢过程，以分子氧为最终电子受体，进行有氧呼吸。好气性细菌可分为两类，其中一类是必须在有氧条件下才能生长的细菌，称为专性好氧菌，如醋杆菌属（Acetobacter）和固氮菌属（Azotobacter）等；另一类是在有氧条件下能生长，在无氧条件下也能生活的细菌，称为兼性厌氧菌，如大肠杆菌（Escherichia coil）和产气肠杆菌（Enterobacter aerogenes）等。

在自然界中，土壤是微生物生活的大本营。土壤中微生物的数量主要与肥力有关，肥沃的土壤中微生物数量多，反之微生物数量则少。此外，微生物生理类群与土壤的理化性质（如通气性、pH）也密切相关。在通气性良好的菜园土中，好气性微生物占有绝对优势。本实验以菜园土为材料分离土壤中的好气性细菌，并进行计数。

三、实验器材

菜园土（经 2mm 土壤筛过筛），90mL 无菌水（内装玻璃珠若干）1 瓶，9mL 无菌水 6 支，1mL 无菌吸管，直径 9cm 的无菌平板，牛肉膏蛋白胨培养基，天平，酒精灯，接种环，玻璃刮铲，记号笔等。

四、实验操作

1. 土壤稀释液的制备

按"稀释平板测数法"的步骤进行，按无菌操作法将土壤稀释至 10^{-6} 即可。

2. 分离方法

可以用三种方法分离土壤中的微生物。

（1）混菌法：按"稀释平板测数法"中的"混合平板培养法"进行操作，使用的稀释度为 10^{-4}、10^{-5}、10^{-6} 3 个，各做 3 个重复。

（2）涂抹法：按"稀释平板测数法"中的"涂抹平板测数法"进行操作，使用的稀释度为 10^{-3}、10^{-4}、10^{-5} 3 个，各做 3 个重复。

以上两种方法又统称为稀释平板分离法（图 3-1），可同时用于所分离菌的计数。

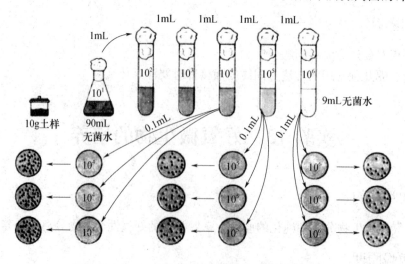

图 3-1　土壤微生物分离与计数的稀释平板法

（3）画线法：用灭菌接种环蘸取 10^{-1} 稀释液于已凝固的平板上进行画线（图 3-2）。在培养基表面平行或分区画线，然后将培养皿放入恒温箱里培养。在线的开始部分，微生物往往连在一起生长，随着线的延伸，菌数逐渐减少，最后可能形成纯种的单个菌落。画线法实质上属于一种"由点到线"的稀释法，适用于含菌比较单一的材料的纯化，对于土壤这类微生物高度混杂的样品则较少使用。

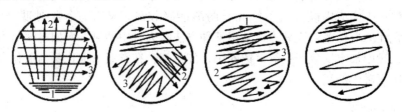

图 3-2　几种画线方法示意图
1，2，3—画线顺序

以上各种分离法，都应按无菌操作进行。所用的培养基若在倒平板前，按 $50\mu g/mL$ 的浓度加入用乙醇溶解的制霉菌素或放线菌酮（起抑制霉菌的作用），分离效果会更好。

3. 培养

将上述接种过土壤悬液的平板倒置，于 $28\sim30℃$ 条件下培养，至长出菌落为止（$24\sim36h$）。

4. 挑菌纯化

在平板上选择分离较好的有代表性的单菌落接种斜面，同时作涂片检查，若发现不纯，应挑取此菌落做进一步画线分离，或制成菌悬液再做稀释分离，直至获得纯培养体。

5. 计数

选取混菌法和涂抹法中每皿菌落数为 $30\sim300$ 的平板，分别按"稀释平板测数法"中的"混合平板测数法"和"涂抹平板测数法"中的公式进行计数。这样求得的是每克原始土样中的活菌数，若要折算为每克干土的含菌数，还应将此数值除以干土在土样中所占的质量分数（烘干土的质量/原土样的质量）。

> 注意：
> 土壤含水量的测定是将一定质量的土壤在 $105\sim110℃$ 下烘干至恒重，再称干重。

四、思考题

1. 涂抹法与混菌法有什么区别，它们各适合哪些微生物的分离？
2. 土壤微生物计数的方法有哪些？

实验 14　厌氧微生物的培养

一、实验目的

掌握厌氧微生物的分离原理与不同的培养技术。

二、实验原理

厌氧微生物在自然界中分布广泛，种类繁多，它们的作用也引起人们的重视。培养厌氧微生物的技术关键是要使该类微生物处于低氧或无氧的环境中。

焦性没食子酸与碱性溶液作用后，形成碱性没食子酸盐，在此反应过程中能吸收氧气而造成厌氧环境；牛肉渣内既含有不饱和脂肪酸能吸收氧，又含有谷胱甘肽（Glutathione）能形成负氧化还原电位差；厌氧罐是采用某种方法除去其中的氧，例如将镁与氧化锌制成产氢气袋，放入罐中加水反应产生氢，钯或铂是催化剂，在常温下催化氢与氧化合成水，则可除去密封的厌氧罐中的氧。

三、实验材料

巴氏芽孢梭菌，荧光假单胞菌，焦性没食子酸，棉花，10％的 NaOH，石蜡，凡士林，牛肉膏蛋白胨，葡萄糖，NaCl，琼脂，厌氧罐，催化剂袋，气体发生指示剂袋，试管，玻璃板，滴管，烧瓶刀等。

四、实验操作

1. 焦性没食子酸法

（1）大管套小管法。在大试管中放入少许棉花和焦性没食子酸，焦性没食子酸的用量按它在过量碱液中能每克吸收 100mL 空气中的氧来估计，本实验用量约为 0.5g。

巴氏芽孢梭菌接种在小试管牛肉膏蛋白胨琼脂斜面上，迅速滴入 10％的 NaOH 于大试管中，使焦性没食子酸润湿，并立即放入除掉棉塞已接种菌的小试管斜面（小试管口朝上），塞上橡皮塞或拧上螺旋帽，置于 30℃条件下培养。

（2）培养皿法。取玻璃板一块或用培养皿盖，铺上一薄层灭菌脱脂棉，将 1g 焦性没食子酸放于其上。用牛肉膏蛋白胨琼脂培养基倒平板，待凝固稍干燥后，在平板上一半画线接种巴氏芽孢梭菌，平板下一半画线接种荧光假单胞菌，并在皿底用记号笔做好标记。滴加 10％NaOH 溶液约 2mL 于焦性没食子酸上，切勿使溶液溢出棉花，立即将已接种的平板覆盖于玻璃板上或培养皿盖上，必须将脱脂棉全部罩住，焦性没食子酸反应物切勿与培养基表面接触，以溶化的石蜡、凡士林液（即 vaspar）密封皿底与玻璃板或皿盖的接触处。置 30℃温箱中培养。

2. 疱肉培养基法

（1）取已除去筋膜、脂肪的牛肉 500g，切成小方块，置 1000mL 蒸馏水中，以小火煮 1h，用纱布过滤，挤干肉汁，将肉汁保留备用。再将肉渣用绞肉机绞碎或用刀切碎，最好使其成细粒。

（2）将保留的肉汁中加蒸馏水，使总体积为 2000mL，加入 20g 蛋白胨，2g 葡萄糖，5g NaCl 和绞碎的肉渣。置烧瓶中摇均匀，加热使蛋白胨溶化。

（3）取上层溶液调整 pH 为 8.0，在烧瓶壁上用记号笔标明瓶内液体高度，1.05kg/cm²，温度为 121.3℃时灭菌 15min 后补足蒸发的水量，重新调整 pH 为 8.0，再煮沸 10～20min，补足水量，再调整 pH 为 7.4。

（4）把烧瓶内溶物摇匀，将溶液和肉渣分装于小试管中，肉渣留用，在无菌条件下加入已灭菌的石蜡、凡士林，以隔绝氧气。

（5）接种前可将上述已做好的庖肉培养基煮沸 10min，以除去溶入的氧，如果盖有一层石蜡、凡士林，需将石蜡、凡士林先在火焰边微微加热，使其溶化。在培养基手感不烫时按液体接种法接入巴氏芽孢梭菌，然后将接种的试管垂直，使石蜡、凡士林能凝固而密封培养基。再将培养基置于 30℃ 条件下培养。

3. 厌氧罐培养法

（1）用牛肉膏蛋白胨琼脂培养基倒平板，凝固干燥后，取两个平板，每个平板一半边画线接种巴氏芽孢梭菌，另一半边画线接种荧光假单胞菌，并做好标记。取其中的一个已接种的平皿置于厌氧罐的培养皿支架上，而后放入厌氧培养罐内；另一个已接种的平皿置培养室30℃培养。

（2）将催化剂倒入厌氧罐盖下面的多孔催化剂盒内，拧紧催化剂盒的盒盖。

（3）剪开气体发生袋的切碎线处，并迅速将此气体发生袋置罐内金属架的夹子上夹好，再向袋中加入约 10mL 水。同时，由另一个人配合，剪开指示剂袋，将指示条露出，立即放入厌氧罐内。

（4）迅速盖好厌氧罐的盖，将固定梁旋紧，置于 30℃ 条件下培养。

五、思考题

1. 厌氧微生物的分离方法有哪些？
2. 厌氧微生物在培养过程中的注意事项。

实验 15　生长曲线的测定

一、实验目的

1. 了解细菌生长曲线的特征，测定细菌繁殖的世代时间。
2. 学习液体培养基的配制以及接种方法。
3. 掌握利用细菌悬液混浊度间接测定细菌生长的方法。

二、实验原理

一定量的微生物，接种在适合的新鲜液体培养基中，在适宜的温度下培养，以菌数的对数为纵坐标，生长时间为横坐标，做出的曲线叫生长曲线。一般可分为延迟期、对数期、稳定期和衰亡期四个时期。不同的微生物有不同的生长曲线，同一种微生物在不同的培养条件下，其生长曲线也不一样。

测定微生物生长曲线的方法很多，有血球计数法、平板菌落计数法、称重法、比浊法等。本实验采用比浊法进行测定，由于细菌悬液的浓度与混浊度成正比，因此，可利用光电比色计测定菌悬液的光密度来推知菌液的浓度，并将所测得的光密度值（OD 值）与其对应的培养时间作图，即可绘出该菌在一定条件下的生长曲线。

三、实验器材

大肠杆菌，试剂，牛肉膏蛋白胨培养基，试管，分光光度计，自控水浴振荡器，摇床，无菌吸管等。

四、实验操作

(1) 取 11 支带有编号的盛有牛肉膏蛋白胨液体培养基的大试管,用记号笔标明培养时间,即 0、1.5、3、4、6、8、10、12、14、16、20h。

(2) 用 1mL 无菌吸管,每次准确吸取 0.2mL 大肠杆菌培养液,分别接种到已编号的 11 支牛肉膏蛋白胨液体培养基大试管中,接种后振荡,使菌体混匀。

(3) 培养将接种后的 11 支试管置于自控水浴振荡器或摇床上,于 37℃ 条件下振荡培养。分别在 0、1.5、3、4、6、8、10、12、14、16、20h 时将编号为对应时间的试管取出,立即放冰箱中储存,最后一同比浊测定光密度值。

(4) 比浊测定以未接种的牛肉膏蛋白胨培养基作空白对照,选用 540~560nm 波长进行比浊测定。从最稀浓度的菌悬液开始依次进行测定,浓度大的菌悬液用未接种的牛肉膏蛋白胨液体培养基适当稀释后测定,使其光密度值在 0.1~0.65 以内,记录 OD 值时,注意乘上所稀释的倍数。

(5) 结果。将测定的 OD 值填入表 3-1。

表 3-1　不同时间的 OD 的值

时间 (h)	对照	0	1.5	3	4	6	8	10	12	14	16	20
光密度值 (OD)												

五、思考题

1. 影响细菌生长曲线的因素有哪些?

2. 为什么可用比浊法来表示细菌的相对生长状况?

3. 根据实验结果,谈谈在工业上如何缩短发酵时间?

第四章 环境因素对微生物生长的影响

实验16 物理因素对微生物生长的影响

一、实验目的

1. 观测氧气、温度、紫外线对微生物生长的影响。
2. 了解细菌芽孢对热、紫外线的抵抗力。

二、实验原理

环境因素包括物理因素、化学因素和生物因素，不良的环境条件抑制微生物的生长，甚至导致其死亡。我们可以通过控制环境条件，达到促进有益微生物生长，抑制有害微生物生长的目的。

常见的物理因素包括氧气、温度、紫外线等，根据微生物对氧气的要求，可把微生物分为好氧菌、厌氧菌和兼性好氧菌。

温度是影响微生物生长的重要因素之一。根据微生物生长的最适温度范围，可以把微生物分为高温微生物、中温微生物和低温微生物，自然界中绝大部分微生物属于中温微生物。

紫外线主要作用于细胞内的 DNA，可以使微生物发生突变，甚至造成微生物死亡。紫外线透过物质的能力较弱，一层黑纸足以挡住紫外线的通过。

三、实验器材

1. 菌种

大肠杆菌、枯草芽孢杆菌、金黄色葡萄球菌。

2. 溶液或试剂

牛肉膏蛋白胨培养基、葡萄糖蛋白胨培养基、麦芽汁葡萄糖培养基、查氏培养基。

3. 仪器或其他用具

培养皿、无菌圆滤纸片、镊子、无菌水、无菌滴管、水浴锅、紫外线灯、黑纸、试管、接种针、温箱、刮铲、吸管、调温摇床、721 分光光度计。

四、实验操作

（一）氧气对微生物生长的影响

1. LB 培养基的制备

（1）配制牛肉膏蛋白胨培养基。

（2）分装取 4 个 300mL 三角瓶，每瓶装入 50mL 培养基，编号为 1、2、3、4；另取 4 个 500mL 三角瓶，每瓶分别装入 50mL、100mL、150mL 和 200mL 培养基，编号为 5、6、7、8。再取一个 100mL 三角瓶，装入 20mL 培养基，剩余的培养基装入到两个 500mL 三角瓶中，所有三角瓶均用 8 层纱布和线绳包扎。

（3）灭菌后将上述分装的培养基于 121℃ 湿热灭菌 30min，冷却后备用。

2. 供试菌种的制备

（1）菌种活化是将冰箱中储藏的大肠杆菌斜面菌种转接到牛肉膏蛋白胨斜面培养基上，于 37℃ 条件下培养 18～20h 备用。

（2）种子制备是取上述活化的大肠杆菌接入盛有 20mL 牛肉膏蛋白胨培养基的 100mL 三角瓶中，温度为 37℃ 时，200r/min 摇床培养 16～18h 作为供试种子。

3. 不同转速对大肠杆菌生长的影响

取 1～4 号三角瓶，每瓶接入 1mL 上述大肠杆菌种子，1 号静置于温箱中，2 号置于 75r/min 摇床，3 号置于 150r/min 摇床，4 号置于 225r/min 摇床，在 37℃ 条件下培养 12～16h 后取出，摇匀，经适当稀释后，测定每个瓶中的 OD_{600} 值（$\lambda = 600nm$），并同时以原培养基不接种作对照测定。

4. 不同瓶装量对大肠杆菌生长的影响

取上述 5～8 号三角瓶，按 1% 的接种量接入上述大肠杆菌种子，温度为 37℃ 时，200r/min 摇床培养 12～16h 后一并取出，用 721 分光光度计测定 OD 值（$\lambda = 600m$），如密度太大可作适当稀释后再测 OD 值。

（二）温度对微生物生长的影响

1. 配制培养基

将牛肉膏蛋白胨培养液试管（标记为 A）和豆芽汁葡萄糖培养液试管（标记为 B）装入 5mL 培养液，灭菌后备用。

2. 选择实验温度

取 16 支 A 培养液试管和 8 支 B 培养液试管，分别标明 20℃、28℃、37℃ 和 45℃ 四种温度，每种温度中 A 培养液 4 支试管，B 培养液 2 支试管。

3. 接种与培养

A 试管分别接入培养 18～20h 的大肠杆菌、枯草芽孢杆菌菌液 0.1mL，混匀；同样 B 试管接入培养 18～20h 的酿酒酵母菌液 0.1mL，混匀；每个处理设 2 次重复，并进行标记。放在标记温度下振荡培养 24h，观察试管中菌体的生长情况。以"－"表示不生长，"＋"表示生长，并以"＋"、"＋＋"、"＋＋＋"表示不同生长量。

（三）微生物对高温的抵抗能力

1. 选取培养基

取 8 支 A 培养液试管，按顺序从 1 到 8 编号。

2. 接种

其中 4 支（1、3、5、7）培养液试管中各接入培养 48h 的大肠杆菌的菌悬液 0.1mL，其余 4 支（2、4、6、8）培养液试管中各接入培养 48h 的枯草芽孢杆菌的菌悬液 0.1mL，混匀。

3. 高温水浴

将 8 支已接种的培养液试管同时放入 100℃ 水浴中，10min 后取出 1 至 4 号试管，再过 10min 后，取出 5 至 8 号试管。各试管取出后立即用冷水冷却。

4. 培养

将各试管置于其最适温度的培养箱中培养 24h。

5. 观察结果

依据菌株生长状况记录结果（同上）。

（四）紫外线对微生物生长的影响

1. 标记培养基

取牛肉膏蛋白胨培养基平板 3 个，分别标明大肠杆菌、枯草芽孢杆菌、金黄色葡萄球菌等实验菌的名称。

2. 接种

用棉签蘸取菌液致密接种于营养琼脂平板上。

3. 紫外线处理

镊子在火焰上迅速通过 2～3 次以杀灭其表面杂菌，镊取 "H" 形黑纸片贴于培养基的中央。打开平皿盖，至于紫外灯管下直接照射 30min。揭去黑纸片，把纸片丢弃于消毒缸内。

4. 培养

盖好皿盖，在 28～37℃ 条件下培养 18～24h。

5. 观察结果

可看到培养基上出现与黑纸片形状相同的 "H" 形菌苔，其余部分没有细菌生长。

（五）渗透压对微生物生长的影响

1. 配制培养基

配制牛肉膏蛋白胨液体培养基，分别调节 NaCl 的浓度为 0.85%、5%、10%、15%、20% 以造成不同的渗透压，每种渗透压分装 3 支试管，每支试管盛装培养液 5mL，灭菌后备用。

2. 制备菌悬液

取培养 18～20h 的大肠杆菌和金黄色葡萄球菌斜面各 1 支，加入无菌水 4mL，制成菌悬液。

3. 滴加供试菌

每管牛肉膏蛋白胨液体培养基中接种大肠杆菌菌液或金黄色葡萄球菌菌液 1 滴（或 0.1mL），摇匀后置 37℃ 温箱中培养。

4. 结果观察与记录

培养 24h 后观察结果，目测菌液的浑浊程度或用 721 分光光度计测定菌液浓度的 OD_{600} 值，以此来判定微生物在不同 pH 值得生长情况。以 "—" 表示不生长，"＋" 表示生长，并以 "＋"、"＋＋"、"＋＋＋" 表示不同生长量。也可以定时多次测定 OD_{600} 值，用以绘制不同 pH 值下的生长曲线。

（六）注意事项

（1）接种前要将种子充分摇匀，接种时要保证接种量一致。严格无菌操作，以免污染。

（2）测定 OD$_{600}$ 值时要摇匀后再取培养液。若经稀释后测定，则各瓶培养物的稀释倍数要一致。

（3）紫外线处理后，揭去黑纸时注意无菌操作。

五、思考题

1. 不同微生物对氧气敏感情况如何？
2. 专性厌氧微生物为什么在有氧的条件下不能生长？
3. 不同微生物对温度或紫外线是否有相同的抵抗力？

实验 17 化学因素对微生物生长的影响

一、实验目的

观测 pH 值、化学试剂、抗生素对微生物生长的影响及杀菌作用。

二、实验原理

一些化学因素如 pH 值、化学试剂对微生物的生长有抑制作用。微生物的生长需要适宜的 pH 值，不同的微生物最适 pH 值不同，pH 值的变化会影响物质的跨膜运输、酶的活性和一些营养物质的可给性，从而影响微生物的生长。许多化学试剂能使蛋白质变性、妨碍代谢中某些重要酶的活力或损毁细胞膜等。抗生素能选择性地妨碍细菌代谢过程中某一或几个环节。

三、实验器材

1. 菌种

大肠杆菌、金黄色葡萄球菌。

2. 溶液或试剂

牛肉膏蛋白胨培养基、碘伏、过氧乙酸、龙胆紫、84 消毒液、青霉素、庆大霉素。

3. 仪器或其他用具

培养皿、无菌圆滤纸片、无菌棉签、镊子、试管、温箱、调温摇床、分光光度计。

四、实验操作

（一）pH 值对微生物生长的影响

1. 配制培养基

配制牛肉膏蛋白胨液体培养基，分别调节 pH 为 3.5、5.5、7.5、9.5 和 11.5，每种 pH 分装 3 支试管，每支试管盛装培养液 5mL，灭菌后备用。

2. 制备菌悬液

取培养 18～20h 的大肠杆菌斜面 1 支，加入无菌水 4mL，制成菌悬液。

3. 滴加供试菌

每管牛肉膏蛋白胨液体培养基中接种大肠杆菌菌液 1 滴（或 0.1mL），摇匀后置 37℃ 温箱中培养。

4. 结果观察与记录

培养 24h 后观察结果，目测菌液的浑浊程度或用 721 分光光度计测定菌液浓度的 OD_{600} 值，以此来判定微生物在不同 pH 值得生长情况。以"－"表示不生长，"＋"表示生长，并以"＋"、"＋＋"、"＋＋＋"表示不同生长量。也可以定时多次测定 OD_{600} 值，用以绘制不同 pH 值下的生长曲线。

（二）化学试剂和抗生素对微生物生长的影响

1. 化学试剂

（1）用棉签蘸取菌液致密接种于营养琼脂平板上。

（2）用无菌镊子夹取 4 个圆形无菌滤纸片，分别浸于碘伏、过氧乙酸、龙胆紫、84 消毒液内，再一一取出，分别放在已接有细菌的平板上，各纸片间距离大小大致相等。

（3）28～37℃ 条件下培养 18～24h 后观察各消毒纸片周围有无抑菌圈，并比较抑菌圈的大小。

2. 抗生素

（1）用棉签分别蘸取两种菌液接种于营养琼脂平板上，一个平板接种一种菌。

（2）用无菌镊子夹取 2 个圆形无菌滤纸片，分别浸于青霉素、庆大霉素内，再一一取出，分别放在已接有细菌的平板上，各纸片间距离大小大致相等。

（3）28～37℃ 条件下培养 18～24h 后观察结果，测量的抑菌圈直径填入表 3-2 中。

表 3-2　抑菌圈直径

	青霉素	庆大霉素	碘伏	过氧乙酸	龙胆紫	84 消毒液
大肠杆菌	mm	mm	mm	mm	mm	mm
葡萄球菌	mm	mm	mm	mm	mm	mm

（三）注意事项

（1）接种前要将种子充分摇匀，接种时要保证接种量一致。严格无菌操作，以免污染。

（2）测定 OD 值时要摇匀后再取培养液。若经稀释后测定，则各瓶培养物的稀释倍数要一致。

（3）紫外线处理后，揭去黑纸时注意无菌操作。

五、思考题

1. 如果抑菌圈隔一段时间后又长出少许菌落，如何解释这种现象？

2. 化学试剂对微生物所形成的抑菌圈未长菌部分是否说明微生物细胞已被杀死？

第五章 环境微生物的丰度与多样性分析

实验 18 土壤微生物总 DNA 的提取

一、实验目的

学习从土壤中分离、纯化微生物 DNA 的原理与方法。

二、实验原理

从土壤样品中提取和纯化微生物总 DNA 的主要问题来自土壤样品成分的复杂性，尤其是其中的腐殖酸类物质会影响后续的 PCR 扩增、酶切反应等操作。本实验采用 CTAB 法提取土壤微生物总 DNA。CTAB（Hexadecyltrimethy Ammonium Bromide，十六烷基三甲基溴化铵），是一种阳离子去污剂，具有从低离子强度溶液中沉淀核酸与酸性多聚糖的特性。在高离子强度的溶液中（浓度大于 0.7mol/L 的 NaCl），CTAB 与蛋白质和多聚糖形成复合物，只是不能沉淀核酸。通过有机溶剂抽提，去除蛋白、多糖、酚类等杂质后加入乙醇沉淀即可使核酸分离出来。

纯化 DNA 片段的方法有多种，如电洗脱法、低熔点琼脂糖凝胶回收法、玻璃珠纯化法以及柱层析和硅胶吸附等方法。本实验对分离得到的土壤微生物总 DNA 采用透析袋电洗脱方法进行纯化。

三、实验器材

1. 土壤样品

取土壤样品至少 10g 于 −20℃ 条件下保存备用。

2. 溶液或溶剂

DNA 提取缓冲液、10mg/mL 蛋白酶 K、20％SDS、TE buffer、氯仿、异戊醇、异丙醇、无水乙醇、超纯水，λDNA（0.0569μg/μL）、溴化乙啶。

3. 仪器

电洗脱仪、电泳仪、离心机、电泳槽、移液枪。

4. 耗材

1mL 枪头、200μL 枪头。

四、实验操作

（1）称取 5g 土壤样品于 50mL 离心管中，加入 13.5mLDNA 抽提缓冲液（100mmol/L Tris-HCl，100mmol/L EDTA，100mmol 磷酸钠，1.5mol/L NaCl，1％CTAB，pH8.0）

混合，再加入 $100\mu L$ 的 10mg/mL 蛋白酶 K，将离心管放置摇床中 37℃条件下，200r/min 振荡 30min。

（2）加入 1.5mL 的 20%SDS，65℃水浴 2h，其间每隔 15～20min 轻轻颠倒混匀数次。

（3）室温条件下，6000×g 离心 10min，将上清液转移到一支新的 50mL 无菌离心管中，土壤沉淀中再加入 4.5mL 的 DNA 抽提缓冲液和 0.5mL 的 20%SDS，涡旋震荡 10s，使之充分混匀，65℃水浴 10min，6000×g 离心 10min。

（4）离心收集上清液，并将两次上清液合并。

（5）向上清液中加入等体积的氯仿-异戊醇（V：V＝24：1），彻底混匀，4℃时，12000×g 离心 10min。

（6）吸取水相转移到一支新的 50mL 无菌离心管中，重复步骤（5）一次。

（7）上清液转移至一支新的 50mL 无菌离心管中，加入 0.6 倍体积的冰冷的异丙醇混匀，室温时沉淀 1h。

（8）室温时，16000×g 离心 20min，弃上清液。

（9）沉淀用 70%冰乙醇清洗，离心，弃上清液。

（10）DNA 沉淀室温并风干后重悬于灭菌的无离子水或 TE 溶液中，最终体积为 $500\mu L$。

（11）提取 DNA 的定量：以 λDNA（$0.0569\mu g/\mu L$），与提取 DNA 同时电泳后，经溴化乙啶染色后，用 TANON 凝胶分析软件进行定量分析。

（12）提取 DNA 的纯化：0.8%琼脂糖凝胶电泳，电压为 10V/cm，电泳 2h。电泳结束后将含有目标 DNA 片段的琼脂糖凝胶块切割下来，放在预先煮沸过的透析袋中，加入约为 1mL 的电泳缓冲液，扎紧透析袋，置于电泳缓冲液中电泳，使 DNA 分子迁移出凝胶条进入透析袋的溶液中，然后用注射器析出袋内含有 DNA 的缓冲液，最后经抽提纯化得到 DNA 分子。

（13）纯化回收效率：吸取 $20\mu L$ 的标准 λDNA（$0.0569\mu g/\mu L$），按上述回收方法纯化 DNA，与标准 λDNA 同时电泳，用 TANON 软件进行定量，计算纯化回收效率。

五、思考题

1. 对土壤样品进行总 DNA 的提取，取土壤样品的时候应该注意哪些问题？

2. 从土壤中提取微生物总 DNA 时，为什么要把去除腐殖质等抑制因子作为重点？可以用哪些方法去除这些因子？

实验 19 16S rDNA 的 PCR 扩增

一、实验目的

学习并掌握 16S rDNA PCR 扩增的基本原理与实验技术。

二、实验原理

细菌 rRNA（核糖体 RNA）按沉降系数分为 3 种，分别为 5S、16S 和 23S rRNA。16S

rDNA 是编码原核生物核糖体小亚基 rRNA（16S-rRNA）的基因，在细菌分类学上具有重要意义。16S rDNA 是细菌的系统分类研究中最有用的和最常用的分子钟，其种类少，含量大（约占细菌 RNA 含量的 80%），分子大小适中，约为 1.5kb，其进化具有良好的时钟性质，在结构与功能上具有高度的保守性，素有"细菌化石"之称。在 16S rRNA 分子中，既含有高度保守的序列区域，又有中度保守和高度变化的序列区域，可变区序列因细菌不同而异，保守区序列基本恒定，所以可利用保守区序列设计引物，将 16S rDNA 片段扩增出来，利用测序技术较容易得到其序列，利用可变区序列的差异来对不同种属的细菌进行分类鉴定。建立在 PCR 技术上的 16S rRNA 基因的直接测序方法，方便快捷。

三、实验器材

1. 菌种

大肠杆菌。

2. 溶液或试剂

牛肉膏蛋白胨培养基，DNA 提取缓冲液，$100\mu g/mL$ 溶菌酶，40mmol/L Tris-HCl，pH8.0 的 20mmol/L 乙酸钠，1mmol/L EDTA，1%SDS（十二烷基硫酸钠），5mol/L NaCl，Tris 饱和酚，氯仿，无水乙醇，超纯水，TE 缓冲液，$10\times$Taq DNA polymerase buffer，25mM $MgCl_2$，引物 27F 和 1492 R，2.5mM dNTP，$5U/\mu L$Taq 酶，模板 DNA，ddH_2O。

3. 引物

选用细菌通用引物 27 F（5′-AGAGTTTGATCCTGGCTCAG）和 1492R（5′-TAC GGCTACCT TGTTACGACTT）作为土壤细菌 16S rDNA 扩增的引物。

4. 仪器或其他用具

试管，Eppendorf 管，无菌水，PCR 仪，电泳仪，电泳槽，台式高速离心机，凝胶扫描仪，接种针，恒温箱，调温摇床，水浴锅，721 分光光度计。

四、实验操作

（一）细菌 DNA 的提取

（1）将大肠杆菌斜面菌种接种于 10mL 牛肉膏蛋白胨液体培养基中，于 37℃条件下振荡培养 16～18h，获得足够的菌体。

（2）取 1mL 培养液于 1.5mL 离心管中，6000r/min 离心 2min，弃上清液，收集菌体（注意吸干多余的水分）。如果是 G+菌，应先加 $100\mu g/mL$ 溶菌酶 $50\mu L$。温度为 37℃处理 1h。

（3）向每支试管中加入 $200\mu L$ 裂解缓冲液（40mmoL/L Tris-HCl，pH8.0 的 20mmol/L 乙酸钠，1mmol/L EDTA，1%SDS），用吸管头迅速强烈抽吸以悬浮和裂解细菌细胞。

（4）向每支试管加入 $66\mu L$ 5mol/L NaCl，充分混匀后，12000r/min 离心 3min，除去蛋白质复合物及细胞壁等残渣。

（5）将上清液转移到新的离心管中，加入等体积的备用 Tris 饱和酚，充分混匀后，1200r/min 离心 3min，进一步沉淀蛋白质。

（6）取离心后的水层，加入等体积的氯仿，充分混匀后，12000r/min 离心 3min，去除苯酚。

（7）小心取出上清液并用预冷两倍体积的无水乙醇沉淀，15000r/min 高速离心 15min，离心后弃上清液。

(8) 用 400μL 70％的乙醇洗涤沉淀两次。

(9) 真空干燥后，用 50μL TE 或超纯水溶解 DNA。

(10) 用移液器吸取总 DNA 4μL 于封口膜上，再加入 1μL 的 6×载样缓冲液，混匀后，小心加入点样孔。

(11) 打开电源开关，调节电压为 3～5V/cm，可看到溴酚蓝条带由负极向正极移动，电泳为 30～60min。

(12) 电泳结束后取出凝胶，置 EB 溶液中染色 5～10min，清水漂洗。

(二) 16S rDNA 片段的 PCR 扩增

(1) 配制 25μL 反应体系，在 PCR 管中依次加入下列溶液：

10×Taq DNA polymerase buffer 2.5μL，25mM MgCl$_2$ 1.5μL，引物 27F 和 1492 R (10μM) 各 0.5μL，2.5mM dNTP 2μL，5U/μL Taq 酶 0.15μL，模板 DNA 0.5μL，ddH$_2$O 补足至 25μL。

(2) 设置 PCR 反应程序：94℃预变性 5min；94℃变性 1min，52℃退火 1min，72℃延伸 1.5min，循环 30 次；最后 72℃延伸 10min。

(3) 上样，启动反应程序。

(4) 扩增产物取 3～5μL 进行 1％琼脂糖凝胶电泳检测，目标产物大小约为 1.5kb。将目的片段用 DNA 纯化试剂盒进行回收纯化后测序，也可将 PCR 产物直接送交测序公司进行测序。将测序得到的 16S rDNA 序列在 NCBI 上进行 blast 比对，选择与比对序列相似度高的菌株。

(5) 剩余 DNA 样品在 −20℃时保存待用。

(三) 注意事项

1. DNA 样品不纯，抑制后续酶解和 PCR 反应。

2. 所提取 DNA 应分装后保存于缓冲液中，避免反复冻融造成降解。

3. 为了避免非特异性扩增，可以采取适当降低模板或引物浓度、适当提高退火温度、减少循环次数等措施。

五、思考题

1. 16S rRNA 与 16S rDNA 有什么区别？

2. 16S rRNA 在细菌分类学上具有什么意义？

实验 20 DGGE 法分析微生物多样性

一、实验目的

掌握变性梯度凝胶电泳的原理及其使用方法。

二、实验原理

变性梯度凝胶电泳（DGGE）是一种根据 DNA 片段的熔解性质而使之分离的凝胶系统。核酸的双螺旋结构在一定条件下可以解链，称之为变性。核酸 50% 发生变性时的温度称为熔解温度（Tm）。Tm 值主要取决于 DNA 分子中 GC 含量的多少。DGGE 将凝胶设置在双重变性条件下：温度为 50~60℃，变性剂为 0~100%。当一双链 DNA 片段通过一变性剂浓度呈梯度增加的凝胶时，此片段迁移至某一点变性剂浓度恰好相当于此段 DNA 的低熔点区的 Tm 值，此区便开始熔解，而高熔点区仍为双链。这种局部解链的 DNA 分子迁移率发生改变，达到分离的效果。Tm 值的改变依赖于 DNA 序列，即使一个碱基的替代就可引起 Tm 值的升高和降低。因此，DGGE 可以检测 DNA 分子中的任何一种单碱基的替代、移码突变以及少于 10 个碱基的缺失突变。

为了提高 DGGE 的突变检出率，可以人为地加入一个高熔点区——GC 夹。GC 夹（GC clamp）就是在一侧引物的 5′端加上一个 30~40bp 的 GC 结构，这样在 PCR 产物的一侧可产生一个高熔点区，使相应的感兴趣的序列处于低熔点区而便于分析。因此，DGGE 的突变检出率可提高到接近于 100%。

三、实验器材

1. 试剂配制

50×TAE 缓冲溶液、0%变性溶液、100%变性溶液、10%Ammonium Persulfate（过硫酸铵）。

2. 电泳缓冲液

Tris 242g、0.5M EDTA 100mL，蒸馏水定容到 1000mL，用冰醋酸调节 pH 约为 8.3。

3. 溴化乙啶染色剂

溴化乙啶 100mg，蒸馏水 100mL。

4. 引物

16S rDNA V3 区土壤细菌扩增引物。

四、实验操作

（1）实验试剂及配制。

① 40%丙烯酰胺/双丙烯酰胺（37.5∶1）配制见表 5-1。

表 5-1　40%丙烯酰胺/双丙烯酰胺配制

试　剂	用　量
丙烯酰胺	38.93g
双丙烯酰胺	1.07g
MilliQ 水	加到 100mL

溶液采用 0.45μm 滤膜过滤，储存在 4℃。

② 0%的变性储存液配制见表 5-2。

表 5-2 0%的变性储存液配制

凝胶梯度	6%	8%	10%	12%
40%丙烯酰胺/双丙烯酰胺	15mL	20mL	25mL	30mL
50×TAE 缓冲液	2mL	2mL	2mL	2mL
MilliQ 水	83mL	78mL	73mL	68mL
总容积	100mL	100mL	100mL	100mL

③ 100%的变性储存液配制见表 5-3。

表 5-3 100%的变性储存液配制

凝胶梯度	6%	8%	10%	12%
40%丙烯酰胺/双丙烯酰胺	15mL	20mL	25mL	30mL
50×TAE 缓冲液	2mL	2mL	2mL	2mL
去离子甲酰胺	40mL	40mL	40mL	40mL
尿素	42g	42g	42g	42g
MilliQ 水	加到 100mL	加到 100mL	加到 100mL	加到 100mL

④ 0～100%之间的变性储存液配制见表 5-4。

表 5-4 0～100%之间的变性储存液配制

变性溶液	10%	20%	30%	40%	50%	60%	70%	80%	90%
去离子甲酰胺（mL）	4	8	12	16	20	24	28	32	36
尿素（g）	4.2	8.4	12.6	16.8	21	25.2	29.4	33.6	37.8

⑤ 50×TAE 缓冲液配制见表 5-5。

表 5-5 50×TAE 缓冲液配制

试 剂	用 量	终浓度
Tris 碱	242.0g	2M
冰乙酸	57.1	1M
0.5M EDTA，pH8.0	100.0mL	50mM
MilliQ 水	加到 1000.0mL	

将溶液混合溶解，121℃下蒸汽灭菌 20～30min，储存在室温。

⑥ 1×TAE 上样缓冲液配制见表 5-6。

表 5-6 1×TAE 上样缓冲液配制

试 剂	用 量
50×TAE 缓冲液	140mL
MilliQ 水	6860mL
总量	7000mL

⑦ 10%过硫酸铵（AP）配制见表 5-7。

表 5-7　10%过硫酸铵（AP）配制

试　剂	用　量
过硫酸胺	0.3g
超纯水	3.0mL

溶解后使用 $0.45\mu m$ 微孔滤膜过滤，4℃保存，保存时间为 1 周。

⑧ 10mL DGGE 加样缓冲液配制见表 5-8。

表 5-8　10mL DGGE 加样缓冲液配制

试　剂	用　量
2%溴酚蓝	0.25mL
2%二甲苯青	0.25mL
100%甘油	7mL
MilliQ 水	2.5mL

（2）将海绵垫固定在制胶架上，把类似"三明治"结构的制胶板系统垂直放在海绵上方，用分布在制胶架两侧的偏心轮固定好制胶板系统，注意一定是短玻璃的一面正对着自己。

（3）共有三根聚乙烯细管，其中两根较长的为 15.5cm，短的那根为 9cm。将短的那根与 Y 形管相连，两根长的则与小套管相连，并连在 30mL 的注射器上。

（4）在两个注射器上分别标记"高浓度"与"低浓度"，并安装上相关的配件，调整梯度传送系统的刻度到适当的位置。

（5）逆时针方向旋转凸轮到起始位置。为设置理想的传送体积，旋松体积调整旋钮。将体积设置显示装置固定在注射器上并调整到目标体积设置，旋紧体积调整旋钮。例如，16×16cm gels（1mm thick）：设体积调整装置到 14.5。

（6）配制两种变性浓度的丙烯酰胺溶液到两个离心管中。

（7）每管加入 $18\mu L$ TEMED，$80\mu L$ 10%APS，迅速盖上并旋紧上下颠倒数次混匀。用连有聚乙烯管标有"高浓度"的注射器吸取所有高浓度的胶，对于低浓度的胶操作同上。

（8）通过推动注射器的推动杆小心赶走气泡并轻轻地晃动注射器，推动溶液到聚丙烯管的末端。注意，不要将胶液推出管外，因为这样会造成溶液的损失，导致最后凝胶体积不够。

（9）分别将高浓度、低浓度注射器放在梯度传送系统的正确一侧固定好，注意这里一定要把位置放正确，再将注射器的聚丙烯管与 Y 形管相连。

（10）轻轻并稳定地旋转凸轮来传送溶液，在这个步骤中最关键的是要保持恒定匀速且缓慢地插入梳子，让凝胶聚合大约 1h。并把电泳控制装置打开，预热电泳缓冲液到 60℃。

（11）迅速清洗用完的设备。

（12）聚合完毕后拔走梳子，将胶放入到电泳槽内，清洗点样孔，盖上温度控制装置使温度上升到 60℃。

（13）调节缓冲液的高度，使其刚刚超过胶上的加样孔。用缓冲液清洗加样孔、注射器及针头，用注射针向胶顶部的加样孔中加入 PCR（聚合酶链式反应）的产物。

（14）盖上电泳仪的盖子，打开开关，电泳，200V，5h。

（15）电泳完毕后，先拔开一块玻璃板，然后将胶放入一个干净的不锈钢或塑料容器中。用去离子水冲洗，使胶和玻璃板脱离。

（16）倒掉去离子水，加入 250mL 固定液（10%乙醇，0.5%冰醋酸）中，放置 15min。

（17）倒掉固定液，用去离子水冲洗两次，倒掉后加入 250mL 银染液（0.2%AgNO$_3$，用之前加入 200μL 甲醛）中，放置在摇床上摇荡，染色 15min。

（18）倒掉银染液，用去离子水冲洗两次，倒掉后加入 250mL 显色液（1.5%NaOH，0.5%甲醛）显色。

（19）待条带出现后拍照。

实验 21　16S rDNA 系统发育树的构建

一、实验目的

学习应用 16S rDNA 序列对细菌进行系统发育学分析及系统进化树构建的原理和方法。

二、实验原理

通过比较生物大分子序列差异的数值构建的系统树称为系统发育树，其特点是用一种树状分支的图形来概括各种（类）生物之间的亲缘关系。16S rDNA 是细菌的系统分类研究中最有用的谱系分析的"分子尺"，其种类少，含量大（约占细菌 DNA 含量的 80%），分子大小适中，存在于所有的生物中（真核生物中其同源分子是 18S rRNA），其进化具有良好的时钟性质，在结构与功能上具有高度的保守性。因此，16S rDNA 可以作为细菌群落结构分析最常用的系统进化标记分子。随着核酸测序技术的发展，越来越多的微生物的 16S rDNA 序列被测定并收入国际基因数据库中，这样用 16S rDNA 作目的序列进行微生物群落结构分析更为快捷方便。一般利用所研究类群的 16S rDNA 序列在数据库中搜索得到相关类群的 16S rDNA 序列，然后使用 mega、paup、ClustalX 等软件采用某个模型（软件中都有选项）来构建进化树。

三、实验器材

16S rDNA 基因序列，从 NCBI 中下载的与目的菌亲缘关系较近的序列

四、实验操作

1. 准备序列文本

（1）构建进化树之前，先用记事本打开扩展名为 .seq 测序结果的文件。注意看其中的序列长度是否为克隆的长度。一般公司会发好几个 .seq 文件，其中的一些文件中的序列不完整，需要自己整合成完整文件，一般排在前面的为完整序列。

（2）将 16S rDNA 序列在 NCBI 上进行 Blast 比对（网址为 http：//www.ncbi.nlm.nih.gov/BLAST/）。挑选与目的菌株具有较近亲缘关系的模式种（Type Strain）序列，将这些序列复制粘贴到一个 TXT 文本中，序列只包含序列字母（ATCG 或氨基酸简写字母），文件名可以根据自己的想法随意编辑。

注意：
　（1）选择 10 株左右的菌，每一株菌的序列放在一个 TXT 文件中。
　（2）该 TXT 文件的文件名中不能含有中文。

2. 序列导入 MEGA 软件

（1）打开 MEGA6 软件，界面如图 5-1 所示。

图 5-1　MEGA 6 软件界面

（2）导入需要构建系统进化树的序列，导入过程如图 5-2 至图 5-4 所示。

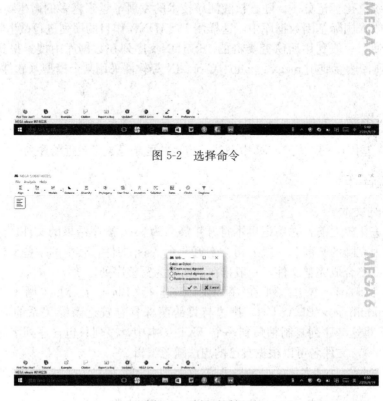

图 5-2　选择命令

图 5-3　选择对话框

图 5-4　构建序列类型对话框

如果是 DNA 序列，单击 DNA 按钮；如果是蛋白质序列，单击 Protein 按钮。
创建新的数据文件对话框如图 5-5 至图 5-7 所示。

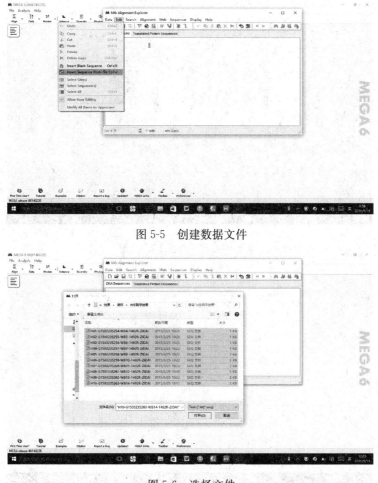

图 5-5　创建数据文件

图 5-6　选择文件

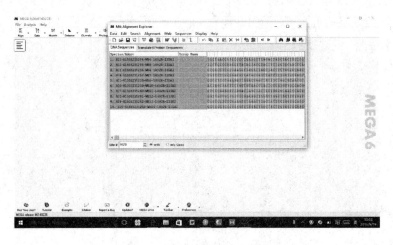

图 5-7　导入文件成功

（3）序列比对分析。单击 W 按钮，开始比对文件，比对完成后删除序列两端不能完全对齐的碱基（图 5-8、图 5-9）。因为测序引物不尽相同，所以比对后序列参差不齐。一般来说，要掐头去尾，以避免因序列前后参差不齐而增加序列间的差异。剪切后的文件存为 ALN 格式。

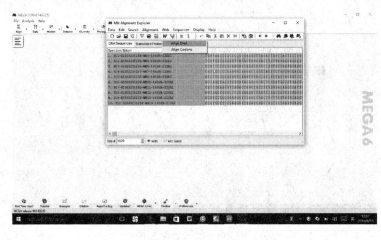

图 5-8　比对序列

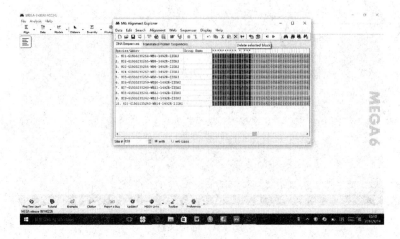

图 5-9　剪切比对后的序列

（4）系统发育树构建。选择 Analysis-Phylogeny 命令，选择所需要的分析方法构建系统发育树。

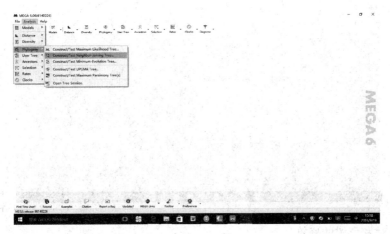

图 5-10　选择 Analysis-Phyogeny 命令

以 NJ（Neighbor-Joining）为例，Bootstrap 选择 2000，点击 Compute，如图 5-11 所示，开始计算，计算过程如图 5-12 所示。

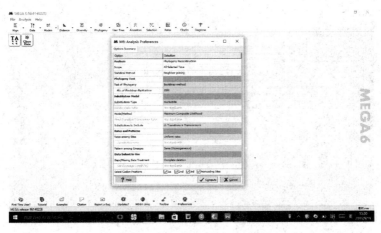

图 5-11　以 NJ 为例进行计算

图 5-12　计算过程

计算完毕后，生成系统发育树，如图 5-13 所示。

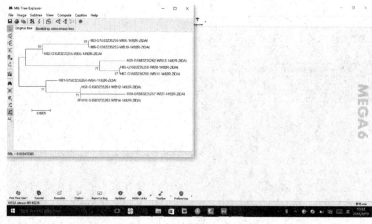

图 5-13　生成系统发育树

（5）系统对发育树的修饰。

建好发育树之后，可以在 Word 文档中对发育树做一些美化，以达到发表文章的要求。选择 Image-Copy to Clipboard 命令，如图 5-14 所示。新建一个 Word 文档，使用粘贴命令，将系统发育树复制到 Word 文档中，如图 5-15 所示。

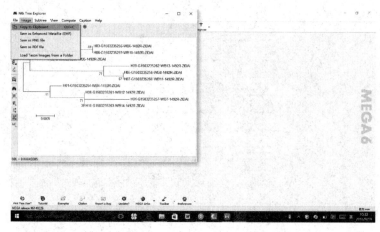

图 5-14　选择 Image-Copy to Clipboard 命令

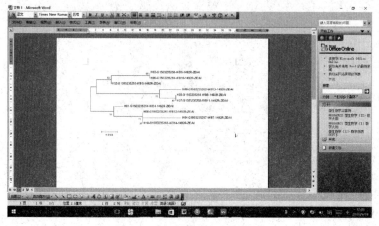

图 5-15　复制到 Word 文档中

在图 5-15 上点击右键，在菜单中选择编辑图片命令，就可以对文字的字体大小、倾斜等做出修饰。修饰后的图片转换为 PDF 格式，保存后利用 Adobe Professional 进行裁剪等编辑，将修改后符合要求的图片保存为 TIFF 格式文件。

五、思考题

用 16S rDNA 序列对细菌进行系统发育树构建的软件有哪些？

实验 22　荧光定量 PCR 检测微生物的丰度

一、实验目的

学习定量 PCR 原理，熟悉绝对定量的操作流程。

二、实验原理

实时荧光定量 PCR 是在 PCR 反应体系中加入荧光基团，利用荧光信号累积实时监测整个 PCR 进程，最后通过标准曲线对未知模板进行定量分析的方法。在 PCR 扩增的指数时期，模板的 Ct 值和该模板的起始拷贝数存在线性关系，通过 Ct 值和标准曲线的分析对起始模板进行定量分析。定量 PCR 检测方法有两种，其一为 SYBRGreen 法，是在 PCR 反应体系中，加入过量 SYBR 荧光染料，SYBR 荧光染料特异性掺入 DNA 双链后，发射荧光信号，而不掺入链中的 SYBR 染料分子不会发射任何荧光信号，从而保证荧光信号的增加与 PCR 产物的增加完全同步。其二为 TaqMan 探针法，是在探针完整时，报告基团发射的荧光信号被淬灭基团吸收；PCR 扩增时，Taq 酶的 $5'$-$3'$ 外切酶活性将探针酶切降解，使报告荧光基团和淬灭荧光基团分离，荧光监测系统从而可接收到荧光信号，即每扩增一条 DNA 链，就有一个荧光分子形成，实现了荧光信号的累积与 PCR 产物的形成完全同步。

三、实验器材

real time PCR 仪（ABI7500，RotorGene3000），微量移液器，Tip 头，0.2mL 光学薄壁管，8 联 PCR 管，1.5mL 离心管，SYBR Mix，引物及 10^8 copy/uL 标准品。

四、实验操作

1. 标准样品稀释

取 4 个 1.5mL 的离心管，做好标记 10^7、10^6、10^5、10^4，向每支离心管中加入 90μL ddH₂O，取 10μl 10^8 copy/uL 的标样加入到 10^7 离心管中，充分混匀后，从离心管中取 10μL 10^7 copy/uL 的液体到 10^6 管中。按上述操作依次稀释，得到 5 个倍数的标准样品。注意，每次稀释都要换 Tip 头。

2. 配制预混液

取 119μL ddH₂O、7μL 引物 4204f、7μL 引物 4448r 和 7μL Rox 到装有 175μL SYBR Mix 液的 1.5mL 离心管中，混匀。

3. 分装预混液

取 7 个小离心管，分别标记 10^8、10^7、10^6、10^5、10^4、UNK（未知样）、NTC（阴性对照）。向其中分别加入 $42\mu L$ 预混液和 $4.7\mu L$ 模板（1～5 号加标样、6 号加未知样、7 号加等量 ddH_2O），混匀。

4. 加入样品

戴上手套取两个 8 联管，并排放置管架上。分别取上述样品 $20\mu L$ 加入到联管的第 1～7 管中（第 8 管空出），每个样品两个重复，共 14 个样品。将加好样的 8 联管振荡。

5. 设置分析仪参数如下

95℃3min；95℃15s＋60℃40s 为一个循环，循环次数 40，熔解曲线温度范围 60～95℃。振荡好的样品进机进行 PCR 扩增。

6. 分析定量结果

扩增后利用软件分析 CT 值及未知样的定量结果。

7. 电泳

PCR 产物与 DNA Ladder 在 2‰琼脂糖凝胶中电泳，GoldView™进行染色，检测 PCR 产物是否为单一特异性扩增条带。

五、注意事项

实时定量 PCR 使用引物应遵循以下原则：
（1）引物与模板的序列紧密互补。
（2）引物与引物之间避免形成稳定的二聚体或发夹结构。
（3）引物不在模板的非目的位点引发 DNA 聚合反应（即错配）。

六、思考题

1. SYBR 与 Taqman 的区别是什么？其各自的优缺点是什么？
2. 定量 PCR 中主要参数包括哪些？试分别列出。

第六章　微生物与环境监测

实验 23　水体中细菌总数和大肠菌群数的检测

一、实验目的

1. 掌握水样的采取方法、检测水中细菌总数和总大肠菌群的方法。
2. 了解检测水中细菌总数和总大肠菌群各种方法的原理及其应用中的优、缺点。
3. 了解水质评价的微生物学卫生标准，熟悉其应用的重要性。

二、实验原理

水中细菌总数可说明水体被有机物污染的程度，水中细菌数越多，其有机物质的含量越大，污染程度越高。细菌总数是指 1mL 水样在普通营养琼脂培养基中，于 37℃条件下经 24h 培养后，所生长的菌落数。本实验应用平板菌落计数技术测定水中细菌总数。由于水中细菌种类繁多，它们对营养和其他生长条件的要求差别很大，不可能找到一种培养基在一种条件下，使水中所有的细菌均能生长繁殖，因此，以某种培养基平板上生长出来的菌落，计算出来的水中细菌总数仅是近似值。目前，一般是采用普通营养琼脂培养基（即牛肉膏蛋白胨琼脂培养基），该培养基营养丰富，大多数细菌都能在其中生长。除采用平板菌落计数测定细菌总数外，现在已有多种快速、简便的微生物检测仪或试剂纸（盒或卡）等也用来测定水中细菌总数。

总大肠菌群指数高，表示水源被粪便污染，则有可能也被肠道病原菌污染。测定总大肠菌群的方法有多管发酵法、滤膜法和各种各样的快速、简便的微生物检测仪或试剂纸（盒或卡）等。多管发酵法为我国大多数环保、卫生和水厂等单位所采用。多管发酵法包括初发酵实验、平板分离和复发酵实验。

1. 初发酵实验

发酵管内装有乳糖蛋白胨液体培养基，并倒置一支德汉氏小套管。大肠菌群能发酵乳糖产酸产气。为便于观察细菌的产酸情况，培养基内加有溴甲酚紫作为 pH 指示剂，细菌产酸后，培养基即由原来的紫色变为黄色。溴甲酚紫还可抑制其他细菌，如对芽孢菌生长的抑制。水样接种于发酵管内，于 37℃条件下培养 24h，小套管中有气体形成，并且培养基浑浊，颜色改变，结果为阳性，说明水中存在大肠菌群。但是，有个别其他类型的细菌在此条件下也可能产气，但不属大肠菌群；此外，产酸但不产气的发酵管也不一定是非大肠菌群，因其在量少的情况下，产气也可能延迟到 48h 后。这两种情况应视为可疑结果，因此，需继续进行实验，才能确定是否为大肠菌群。48h 后仍不产气的为阴性结果。

2. 平板分离

平板培养基一般使用远藤氏培养基（Endo's medium）或伊红美蓝培养基（Eosin-Methylene Blue agar，EMB 培养基），前者含有碱性复红染料，在此作为指示剂，它可被培养基中的亚硫酸钠脱色，使培养基呈淡粉红色，大肠菌群发酵乳糖后产生的酸和乙醛即和复红反应，形成深红色复合物，使大肠菌群菌落变为带金属光泽的深红色。亚硫酸钠还可以抑制其他杂菌的生长。伊红美蓝琼脂平板中含有伊红与美蓝染料，在此亦作为指示剂，大肠菌群发酵造成酸性环境时，这两种染料即结合成复合物，使大肠菌群产生带核心的、有金属光泽的深紫色菌落。初发酵管 24h 内产酸产气和 48h 产酸产气的均需在以上平板上画线分离，培养后，将符合大肠菌群菌落特征的菌落进行革兰氏染色，只有染色为革兰氏阴性、无芽孢杆菌的菌落，才是大肠菌群菌落。

3. 复发酵实验

将以上两次实验已证实为大肠菌群阳性的菌落，接种复发酵，其原理与初发酵实验相同，经 24h 培养产酸又产气的，最后确定为大肠菌群阳性结果。根据确定有大肠菌群存在的初发酵试管（瓶）数目，查阅专用统计表，得出总大肠菌群指数。

滤膜法（Membrane Filtration Test）是将水样通过一定孔径的滤膜（约 $0.45\mu m$）过滤器过滤，使水中的细菌截留在滤膜上，然后将滤膜（含大肠菌群鉴别培养基）直接进行培养，或将滤膜（不含培养基）放在适宜的培养基上培养，大肠菌群长在膜上，容易计数。滤膜法是一种快速的替代方法，比多管发酵省时、省事，而且重复性好，既能用于冲洗水、注射水、加工水和大体积水样的微生物分析，也可用于产品的微生物检测，并且还能适合各种条件下，检测不同的菌群，例如，选择 $0.45\mu m$ 孔径膜检测细菌总数和总大肠菌群；$0.7\mu m$ 孔径膜检测粪便大肠菌；$0.8\mu m$ 孔径膜检测酵母菌和霉菌。滤膜法不能用于悬浮物含量较高的水，水中藻类较多时对实验结果有干扰，水中的毒物也有可能影响实验测定结果。

三、实验器材

1. 培养基

牛肉膏蛋白胨琼脂培养基（普通营养琼脂培养基），乳糖蛋白胨发酵管（内有倒置小套管）培养基，3 倍浓缩乳糖蛋白胨发酵管（瓶）（内有倒置小套管）培养基，伊红美蓝琼脂平板。

2. 溶液或试剂

革兰氏染色液，无菌水等。

3. 仪器或其他用具

显微镜，载玻片，灭菌三角烧瓶，灭菌带玻璃塞的空瓶，灭菌培养皿，灭菌吸管，灭菌试管，无菌过滤器，镊子，夹钳，真空泵，滤膜、烧杯、微生物检测试剂纸（盒或卡）等。

四、实验操作

（一）水样的采取

1. 检测自来水

先将自来水龙头用火焰灼烧 3min 进行灭菌，再开放水龙头使水流 5min 后，在火焰旁打开灭菌三角烧瓶瓶塞，接取水样，迅速进行分析。

2. 检测池水、河水或湖水

应取距水面 10～15cm 的深层水样，先将灭菌带玻璃塞的空瓶的瓶口向下浸入水中，然后翻转过来，拔开玻璃塞，水即流入瓶中，盛满后，将玻璃塞塞好，再从水中取出。有时需要特制的采样器取水样，图 6-1 是采样器中的一种。取样时，将采样器坠入所需的深度，拉起瓶盖绳，即可打开瓶盖，取水样后，松开瓶盖绳，则自行盖好瓶口，然后用采样器绳取出采样器。水样最好立即检测，否则需要放入冰箱中保存。

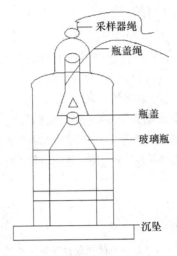

图 6-1　采样器示意图

（二）水中细菌总数的测定

1. 自来水样的检测

（1）用灭菌吸管吸取 1mL 水样，注入灭菌培养皿中，共做 2 个平皿。

（2）分别倾注约 15mL 已熔化并冷却到 45℃左右的牛肉膏蛋白胨琼脂培养基，并立即放在平整的桌面上，作平面旋转摇动，使水样与培养基充分混匀。

（3）另取一灭菌培养皿，不加水样，倾注牛肉膏蛋白胨琼脂培养基 15mL，作空白对照。

（4）培养基凝固后，倒置 37℃条件下，培养 24h，进行菌落计数，两个平板的平均菌落数，即为 1mL 水样的细菌总数。

2. 池水、河水或湖水等水样的检测

（1）稀释水样：取 3 支灭菌试管，分别加入 9mL 灭菌水。取 1mL 水样注入到第 1 支试管灭菌水中，摇匀；再自第 1 支试管取 1mL 至下一支试管灭菌水内，如此稀释到第 3 支试管，稀释度分别为 10^{-1}、10^{-2}、10^{-3}。稀释倍数根据水样污浊程度而定，如果培养后，在平板内（上）生成的菌落数为 30～300 个，这个稀释度最为合适，若 3 个稀释度的菌数均多到无法计数或少到无法计数，则继续稀释或减小稀释倍数。一般中等污秽水样，取 10^{-1}、10^{-2}、10^{-3} 稀释度，污秽严重的水样取 10^{-2}、10^{-3}、10^{-4} 稀释度。

（2）自最后的 3 个稀释度的试管中各取 1mL 稀释水，加入灭菌培养皿中，每一稀释度做 2 个培养皿。

（3）各倾注 15mL 已溶化并冷却到 45℃左右的牛肉膏蛋白胨琼脂培养基，并立即放在平整的桌面上，作平面旋转摇动，使水样与培养基充分混匀。

（4）培养基凝固后，倒置于37℃条件下，培养24h。

3. 稀释水样检测平板的菌落计数方法

（1）计算相同稀释度的平均菌落数。若其中一个平板有较多菌落连在一起成片时，则不应采用，而应以不成片的菌落平板作为该稀释度的菌落数。若成片菌落的大小不到平板的一半，而其余的一半菌落分布又很均匀时，则可将此一半的菌落数乘2，以代表全平板的菌落数，然后再计算该稀释度的平均菌落数。

（2）选择平均菌落数在30～300之间的，当只有一个稀释度的平均菌落数符合此范围时，则以该平均菌落数乘其稀释倍数，即为该水样的细菌总数。

（3）若有两个稀释度的平均菌落数均在30～300之间，则按两者菌落总数之比值来决定。若其比值小于2，应采用两者的平均数；若大于2，则取其中较小的菌落总数。

（4）若所有稀释度的平均菌落数均大于300，则应按稀释度最高的平均菌落数乘以稀释倍数。

（5）若所有稀释度的平均菌落数均小于30，则应按稀释度最低的平均菌落数乘以稀释倍数。

（6）若所有稀释度的平均数均不在30～300之间，则以最近300或30的平均菌落数乘以稀释倍数。

4. 实验结果

（1）自来水的菌落数和细菌总数填入表6-1中。

表6-1　自来水的菌落数和细菌总数

平板	菌落数	自来水中细菌总数/（CFU·mL^{-1}）
1		
2		

（2）池水、河水或湖水等不同稀释度下的菌落数、平均菌落数等填入表6-2中。

表6-2　池水、河水或湖水等菌落数、平均菌落数

稀释度	10^{-1}		10^{-2}		10^{-3}	
平板	1	2	1	2	1	2
菌落数						
平均菌落数						
稀释度菌落数之比						
细菌总数/（CFU·mL^{-1}）						

（三）多管发酵法检测水中总大肠菌群

1. 自来水样的检测

（1）初发酵实验：在2个含有50mL3倍浓缩的乳糖蛋白胨发酵烧瓶中，分别加入100mL水样。在10支含有5mL的3倍浓缩乳糖蛋白胨发酵管中，各加入10mL水样。混匀后，于37℃条件下培养24h，24h未产气的继续培养至48h。

（2）平板分离：将24h培养后产酸产气的、48h培养后产酸产气的发酵管（瓶），分别画线接种于伊红美蓝琼脂平板上，再于37℃条件下培养18～24h，选择具有下列特征的菌落：深紫黑色，有金属光泽；紫黑色，带或略带金属光泽；淡紫红色，中心颜色较深，将其中的一小部分，进行涂片，革兰氏染色，镜检。

（3）复发酵实验：经涂片、染色、镜检，如果是革兰氏阴性无芽孢杆菌，则挑取该菌落的另一部分，重新接种于普通浓度的乳糖蛋白胨发酵管中，每管可接种来自同一初发酵管的同类型菌落1～3个，于37℃条件下培养24h，实验结果若产酸又产气，即证实有大肠菌群存在。证实有大肠菌群存在后，在根据初发酵试验的阳性管（瓶）数对照表6-3，即得总大肠菌群。

表6-3　总大肠菌群检数表

100mL 水样的阳性管数 ＼ 10mL 水样的阳性管数	0	1	2
	水样中总大肠菌群/L	水样中总大肠菌群/L	水样中总大肠菌群/L
0	＜3	4	11
1	3	8	18
2	7	13	27
3	11	18	38
4	14	24	52
5	18	30	70
6	22	36	92
7	27	43	120
8	31	51	161
9	36	60	230
10	40	69	＞230

2. 池水、河水或湖水等的检测

水样采取后，检测时水样的稀释度和接种水样的总量，取决于水清洁或污染的程度，一般是：清洁水不稀释，接种水样量300mL，其中2份100mL水样，10份10mL水样；水轻度污染，稀释成 10^{-1}，接种水样总量111.1mL，其中100mL、10mL、1mL、0.1mL各一份；水中度污染，稀释成 10^{-1}、10^{-2}，接种水样总量11.11mL，其中10mL、1mL、0.1mL、0.01mL各一份；水严重污染，稀释成 10^{-1}、10^{-2}、10^{-3}，接种水样总量1.111mL，其中1mL、0.1mL、0.01mL、0.001mL各一份。

（1）将水样稀释成 10^{-1}、10^{-2}。

（2）分别吸取1mL10^{-1}、10^{-2}的稀释水样和1mL原水样，各注入装有10mL普通浓度乳糖蛋白胨发酵管中。另取10mL和100mL原水样，分别注入装有5mL和50mL3倍浓缩蛋白胨发酵液的试管（瓶）中。混匀后，于37℃条件下培养24h，24h未产气的继续培养至48h。

（3）以下步骤与上述自来水检测的平板分离和复发酵实验相同。证实有大肠菌群存在后，将100mL、10mL、1mL、0.1mL水样的发酵管结果与表6-4对照，将100mL、10mL、1mL、0.1mL水样的发酵管结果对照表6-5，即获得每升水样中的总大肠菌群。

表6-4 总大肠菌群检数表

接种水样量（mL）				水样中总大肠菌群（L）
100	10	1	0.1	
−	−	−	−	＜9
−	−	−	+	9
−	−	+	−	9
−	+	−	−	9.5
−	−	+	+	18
−	+	−	+	19
−	+	+	−	22
+	−	−	−	23
−	+	+	+	28
+	−	−	+	92
+	−	+	−	94
+	−	+	+	180
+	+	−	−	230
+	+	−	+	960
+	+	+	−	2380
+	+	+	+	＞2380

注：接种水样总量111.1mL，其中100mL、10mL、1mL、0.1mL各1份；
"+"表示大肠菌群发酵阳性，"−"表示大肠菌群发酵阴性。

表6-5 总大肠菌群检数表

接种水样量（mL）				水样中总大肠菌群（L）
10	1	0.1	0.01	
−	−	−	−	＜90
−	−	−	+	90
−	−	+	−	90
−	+	−	−	95
−	−	+	+	180
−	+	−	+	190
−	+	+	−	220
+	−	−	−	230
−	+	+	+	280
+	−	−	+	920
+	+	−	−	940
+	−	+	+	1800
+	+	+	−	2300
+	+	−	+	9600
+	+	+	−	23800
+	+	+	+	＞23800

3. 实验结果报告

（1）自来水样：100mL 水样的阳性管数是多少；10mL 水样的阳性管样是多少；查表 6-4 获得每升水样中总大肠菌群是多少。

表 6-4　水样结果报告一

100mL 水样的阳性管数	
10mL 水样的阳性管数	
水样中总大肠菌群/L	

（2）池水、河水或湖水样：阳性结果记"＋"，阴性结果记"－"。

对照表 6-4 获得每升水样中总大肠菌群是多少；对照表 6-5 获得每升水样中总大肠菌群是多少。

表 6-5　水样结果报告二

接种水样量/（mL）				水样中总大肠菌群/L
100	10	1	0.1	

接种水样量/（mL）				水样中总大肠菌群/L
10	1	0.1	0.01	

（四）滤膜法测定水中总大肠菌群

（1）采用无菌的滤膜和滤杯时，拆开包装，以无菌操作将滤膜和滤杯装于滤瓶上，并使其密封好。如果采用需要灭菌的滤膜和滤杯，则将滤膜放入蒸馏水中，煮沸 15min，换水洗涤 2～3 次，再煮，反复 3 次，以除去滤膜上的残留物，并洗清滤杯。然后将滤膜、滤杯灭菌，装于滤瓶上。滤膜、滤杯和滤瓶组装成一滤膜系统。此系统不仅可以检测总大肠菌群，而且选择不同的滤膜、鉴别培养基或试剂，也可以检测细菌总数、粪型链球菌群、沙门氏菌、金黄色葡萄球菌等。

（2）将真空抽滤设备，如真空泵，或抽滤水龙头，或大号注射针筒等，连接滤瓶上的抽气管。

（3）加入待检测的水样 100mL 到滤杯中，启动真空抽滤设备，进行抽滤，水中的细菌被截留在滤膜上。加入滤杯的待检测水样的多少，以培养后长出的菌落数不多于 50 个为适宜。一般清样 1～100mL；严重污染的水样可先进行稀释。

（4）水样抽滤完后，加入等量的灭菌水继续抽滤，目的是冲洗滤杯壁。

（5）过滤完毕，拆开滤膜过滤系统，用无菌镊子夹取滤膜边缘，将没有细菌的一面紧贴在伊红美蓝琼脂平板上。滤膜与培养基之间不得有气泡。平板于 37℃ 条件下培养 22～24h。有的滤膜含有干燥的大肠菌群鉴别培养基，则直接放在培养皿内培养。

（6）选择符合大肠菌群菌落特征（参阅"多管发酵法"实验）的菌落，进行计数。还可以将这些选择的菌落进行涂片、革兰氏染色，再将革兰氏阴性、无芽孢杆菌的菌落接种在乳糖蛋白胨半固体培养基上，于 37℃ 条件下培养 6～8h，产气者为大肠菌群菌落。

（7）总大肠菌群的计算：

水样中的总大肠菌群/L＝滤膜上的大肠菌群菌落数×10

（8）实验结果报告：

根据所做的实验结果，描写滤膜上的大肠菌群菌落的外观，填入表 6-6。

表 6-6　总大肠菌群测定结果报告

大肠菌群外观	
水样中的总大肠菌群/L	

五、思考题

1. 检测自来水的细菌总数时，为什么要做空白对照试验？如果空白对照的平板有少数几个菌落说明什么？而有很多菌落又说明什么？

2. 为什么远藤氏培养基和 EMB 培养基的琼脂平板，能够作为检测大肠菌群的鉴别平板？

3. 为什么接种 100mL、10mL 水样，用的是 3 倍浓缩的乳糖蛋白胨培养基，而接种 1mL、0.1mL、0.01mL、0.001mL 水样，则用乳糖蛋白胨培养基？

4. 滤膜法除了可以检测水中的细菌以外，还可以应用于微生物学的哪些方面？

实验 24　空气中微生物的计数

一、实验目的

1. 了解空气中微生物计数的基本原理与方法。
2. 了解空气中微生物的分布情况。
3. 比较无菌室与普通实验室空气中微生物的数量与种类。

二、实验原理

空气中存在大量微生物，主要为霉菌的孢子和芽孢等。空气中的微生物传播速度较快，对发酵生产、科学实验、人民生活的影响很大，有必要检测其数量。根据空气采集方法，将检测空气中微生物的方法分为沉降法、过滤法等。

沉降法：空气中的微生物因个体大小有差异，在空气中停留时间不等。可以利用固体培养基在空气中暴露一定时间，培养后计数生长的菌落，计算 $1m^3$ 被检空气中微生物的数量。按奥梅梁氏计算法，$100cm^2$ 培养基表面 5min 沉降下的微生物数，相当于 10L 空气所含的微生物数。由于只有一定大小的颗粒在一定时间内才能降落到培养基上，所测结果比实际数少，也无法测定空气量，仅能粗略检测空气中微生物的种类与数量。

过滤法：使定量的空气通过液体吸收剂，吸收空气中的尘粒及其表面的微生物，然后取此吸收剂定量培养，计数菌落。

三、实验器材

1. 培养基

牛肉膏蛋白胨琼脂培养基（普通营养琼脂培养基），马铃薯蔗糖培养基（PDA）。

2. 仪器或其他用具

培养皿、三角瓶、带侧管的玻璃瓶、无菌水等。

四、实验操作

1. 沉降法

（1）倒平板：将灭菌培养基加热熔化，冷却为 45℃ 左右时倒入无菌培养皿备用。

（2）检测：打开无菌平板的皿盖，在无菌室和无人走动的普通实验室分别暴露 5min，盖上皿盖。每个处理均设 3 个重复。

（3）培养：将细菌和真菌培养基平板分别在 37℃ 和 28℃ 条件下倒置培养，1~2d 后开始连续观察，注意不同菌落出现的顺序及大小、形状、颜色、干湿等变化，计数菌落。

（4）计算：根据奥氏公式计算 $1m^3$ 被检空气中的细菌或霉菌数。

$$空气中的细菌或霉菌数/m^3 = N \times 100 \times 100/\pi r^2$$

式中，N 为平板上菌落数；r 为培养皿底半径。

（5）将沉降法结果记录在表 6-7 中。

表 6-7　不同环境空气中微生物测定结果记录表

培养基种类	采样环境	菌落平均数	菌落类型	特征描述						
				大小	形状	干湿	隆起度	透明度	颜色	边缘
细菌培养基	无菌室									
	普通实验室									
真菌培养基	无菌室									
	普通实验室									

2. 过滤法

（1）将仪器按图 6-2 所示进行安装，在下面蒸馏水瓶装满 4L 水，三角瓶装 50mL 无菌水。

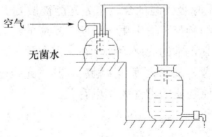

空气 →

无菌水

图 6-2　过滤法装置示意图

（2）打开蒸馏水瓶下口塞，使瓶内水缓慢流出，环境中空气被吸入经喇叭口进入三角瓶水中，4L 水流完，4L 空气中的微生物就被过滤在 50mL 无菌水中。

（3）从三角瓶中吸取 1mL 无菌水于无菌培养皿内，重复三皿，倒入熔化并冷却为 45℃左右的琼脂培养基，旋转混匀，凝固后保温培养。

（4）培养 48h 后计数平板上的菌落，按下式计算每升空气中的细菌数量：

空气中的细菌/L＝1mL 吸收剂（水）培养后菌落数（三皿均值）×50/4

（5）将过滤法实验结果记录在表 6-8 中。

表 6-8　过滤法实验测定结果记录表

平板	菌落数	细菌数/（个/立方米）
1		
2		
3		
平均		

五、思考题

1. 不同环境中微生物种类和数量有差异的原因是什么？
2. 沉降法与过滤法检测空气中细菌的数量有差别，两者之间存在关联吗？

实验 25　发光细菌的毒性实验

一、实验目的

1. 掌握发光细菌检测生物毒性的基本原理。
2. 掌握发光细菌检测生物毒性的操作方法。

二、实验原理

发光细菌是一种非致病性的革兰氏阴性细菌，具有发光能力，在正常条件下经培养后能发出肉眼可见的蓝绿光，这种发光过程是细菌体内一种新陈代谢反应，是氧化呼吸链上的一个侧支。发光细菌发光反应途径可简单概述为：$FMNH_2＋O_2＋RCHO \Longrightarrow$ 荧光＋FMN＋$H_2O＋RCOOH$。发光现象是呼吸代谢耦合，作为光能被散发。当细菌体内合成荧光酶、荧光素、长链脂肪醛时，在氧的参与下发生生化反应，反应的结果便产生光。

发光细菌的发光现象是其正常的代谢活动，在一定条件下发光强度是恒定的，与外来受试物（无机、有机毒物，抑菌、杀菌物等）接触后，其发光强度即有所改变。变化的大小与受试物的浓度有关，同时与该物质的毒性大小也有关。

三、实验器材

1. 培养基

液体培养基：酵母浸出汁 5.0g，胰蛋白胨 5.0g，NaCl 30.0g，NaHPO$_4$ 5.0g，

KH_2PO_4 1.0g，甘油 3.0g，加蒸馏水至 1000mL，pH 7±0.5。

固体培养基：配方同上，另加 20g 琼脂。

2. 溶液或试剂

（1）2%（3%）的 NaCl 溶液：称取 2.0（3.0）g NaCl 溶于 100mL 蒸馏水中，置于 2～5℃冰箱备用。

（2）2000mg/L 的 $HgCl_2$ 母液：称取无结晶水 $HgCl_2$ 0.1000g 于 50mL 容量瓶中，用 3% NaCl 溶液稀释至刻度，置于 2～5℃冰箱备用，保存期为 6 个月。

（3）2.0mg/L 的 $HgCl_2$ 工作液：吸取 $HgCl_2$ 母液 10mL 于 1000mL 容量瓶中，用 3% NaCl 溶液定容。再吸取 20mg/L $HgCl_2$ 溶液 25mL 于 250mL 容量瓶，用 3% NaCl 溶液定容，将此液倒入配有半微量滴定管的试液瓶，用 3% NaCl 溶液将 $HgCl_2$ 溶液稀释成系列浓度（0.02、0.04、0.06、0.08、0.10、0.12、0.14、0.16、0.18、0.20、0.22、0.24mg/L）。配制的稀释液保存期不超过 24h。

3. 仪器或其他用具

生物发光光度计、测试管（2mL 或 5mL）、微量移液器、半微量滴定管等。

4. 菌种

明亮发光杆菌 T3 小种（*Photobacterium phosphoreum* T3 spp.）。

四、实验操作

（一）菌悬液制备

可选用下列一种方法制备菌悬液。

1. 发光细菌新鲜菌悬液的制备

（1）斜面菌种培养：测定前 48h，取保存菌种接种于新鲜斜面上，（20±0.5）℃培养 24h 后，再转接于新鲜斜面上，（20±0.5）℃培养 24h 后，再转接于新鲜斜面上，（20±0.5）℃培养 12h 备用。每次接种量不超过一环。

（2）液体培养：取上述斜面培养物接种于 50mL 液体培养基内，（20±0.5）℃、184r/min 振荡培养 12～14h。

（3）菌悬液制备：将上述培养液稀释至每毫升 10^8～10^9 个细胞。

（4）菌悬液初始发光强度测定：取 4.9mL 的 3% NaCl 溶液于比色管中，加入 10μL 新鲜菌悬液，混匀，置于生物毒性测定仪上测量发光度。要求发光度不低于 800mV，置于冰浴备用。

2. 菌悬液复苏

（1）取发光细菌冻干粉，置于冰浴中，加入预冷的 2% NaCl 溶液 0.5mL，充分摇匀，复苏 2min，使其具有微微绿光。

（2）菌悬液初始发光强度测定：方法同上。

（二）生物毒性测定

（1）水样处理：按 3% 比例加入 NaCl。如水样浊度大，需静置后取上清液。

（2）实验浓度选择：按等对数间距或百分浓度取 3～5 个实验浓度，编号并注明采样点。

（3）按表 6-9 将具塞试管排列，注明标记。每个测定试样均配一支试管对照（CK），设

3次重复。

表 6-9　具塞试管排列顺序

后排	CK	CK	CK	CK	…	CK	CK	CK	CK	CK	…	CK
前3排	0.02	0.04	0.06	0.08	…	0.24	样品1	样品2	样品3	样品4	…	样品N
前2排	0.02	0.04	0.06	0.08	…	0.24	样品1	样品2	样品3	样品4	…	样品N
前1排	0.02	0.04	0.06	0.08	…	0.24	样品1	样品2	样品3	样品4	…	样品N
	参比毒物组						样品组					

（4）在每支 CK 管中加入 2mL 或 5mL 的 3％NaCl 溶液。

（5）在参比毒物组每支试管（前1排～前3排）加入 2mL 或 5mL 相应浓度的 $HgCl_2$ 溶液。

（6）在样品组每支试管（前1排～前3排）加入 2mL 或 5mL 的待测样品。

（7）在各试管中加入菌液并测定发光强度。按照参比毒物管（前）→CK（后）→样品管（前）→CK（后）顺序依次将 $10\mu L$ 菌液加入到各支试管，盖上试管塞混匀。作用 5min 或 15min，依次测定发光强度。

（8）计算相对发光率和相对抑光率，公式如下：

$$相对发光率（\%）=\frac{HgCl_2\ 管或样品管发光度}{对照管发光度}\times100\%$$

$$相对抑光率（\%）=\frac{对照管发光度-HgCl_2\ 管或样品管发光度}{对照管发光度}\times100\%$$

（9）将实验结果记录于表 6-10 中。

表 6-10　实验结果

样品号	加菌液时间	测定时间	发光度/mV	相对发光率/%	平均相对发光率/%	相对抑光率/%

五、思考题

1. 测试过程中，暴露时间、温度及体系的 pH 等对发光细菌的发光特性是否有影响，如何影响？

2. 对有色样品的测定，应做哪些前处理，以避免对发光细菌毒性测定的干扰？

实验 26　土壤中各生理类群微生物的检测

一、实验目的

1. 了解土样的取样方法，土壤中各生理类群微生物检测的方法。

2. 了解土壤中各生理类群微生物检测的原理。

二、实验原理

土壤是微生物的大本营，土壤微生物区系指特定土壤生态系统中生活的微生物的数量和组成状况，是反映土壤微生物生态特征的重要指标。由于在不同气候地带、不同土壤类型、不同季节条件以及不同农业措施等的影响下，微生物的数量组成是不同的。因此，了解不同土壤生态系统中微生物区系的动态变化及挖掘所需的土壤微生物资源，与了解土壤基本理化性质一样，具有重要的现实意义。

土壤中存在着固氮细菌、氨化细菌、硝化细菌、反硝化细菌微生物生理群，以及纤维分解细菌等降解性微生物，它们在土壤养分元素循环和污染物降解转化中起着重要作用。因此，测定和分离土壤中各种功能微生物，对土壤微生物资源的利用与开发具有重要意义。

三、实验器材

1. 培养基

瓦克斯曼（Waksman）77号培养基或阿须贝（Ashby）无氮琼脂培养基、牛肉膏蛋白胨琼脂培养基、蛋白胨氨化培养基、氨氧化细菌（亚硝化细菌）培养基、硝化细菌培养基、反硝化细菌培养基、赫奇逊（Hutchinson）培养基、厌氧纤维素分解菌培养基、光合细菌培养基、产甲烷菌培养基、硫化细菌培养基、反硫化细菌培养基、孟金娜有机磷培养基、磷酸三钙无机磷培养基、硅酸盐培养基、铁细菌培养基。

2. 溶液或试剂

奈氏试剂（Nessler's reagent）、格利斯试剂（Griess reagent）、二苯胺试剂、钼酸铵试剂等。

四、实验操作

（一）土样的采样

（1）根据研究设计选择具有代表性的土壤，确定采样地点。

（2）除去地面植被和枯枝落叶，铲除表面1cm左右的表土，以避免地面微生物与土样混杂。

（3）多点采取重量大、体相当的土样于塑料布上，剔除石砾和植物残根等杂物，混匀后取一定数量装袋。

（4）需要保持通气的样品可用聚乙烯袋包装，也可用铝盒、玻璃瓶等其他容器，但要使容器中留有空间；如果样品需要保持嫌气状态，则应用玻璃瓶等可密封的容器包装。

（5）样品带回实验室后应尽快分析。

（二）自生固氮菌的测定

1. 好氧自生固氮菌的测定

（1）平板培养法

采用瓦克斯曼（Waksman）77号培养基或阿须贝（Ashby）无氮琼脂培养基，配方参见附录1。用上述培养基制成平板，取一定稀释度（如 $10^{-3} \sim 10^{-1}$）的土壤悬液0.05mL，滴入琼脂培养基的表面，用玻璃刮刀刮匀后，于28℃条件下培养7d，计算结果。此培养基上生长的自生固氮菌的菌落特征是：微微突起，呈粘液状，表面光滑或具有皱纹，有时还呈褐色，不透明，埋藏菌落呈三角形或菱形。镜检细胞肥大，常呈"8"字形，且具荚膜。需要注意的是，必须将它们与微嗜氮的微生物加以识别，并最好用化学方法测定其固氮量。

（2）最大或然数法

采用不加琼脂的阿须贝培养基，配方参见附录 1。分装培养基，每支试管（1.8cm×18cm）装入 5mL，贴管内壁放一条滤纸条，一半浸入培养基内，一半露于空气中，温度为121℃下灭菌 30min。选取 4 个稀释度（如 $10^{-4} \sim 10^{-1}$）的土壤悬液，每一稀释度接种 4 支试管，每管接种 1mL，另取 4 支培养基加无菌水作对照，于 28℃条件下培养 7d，如滤纸上出现褐色菌落，则表示有自生固氮菌生长。按附录 2 中《最大或然法测数统计表》得出数量指标和菌的近似值。如需对好氧自生固氮菌进一步分离与纯化，可吸取 1mL 培养物加入新鲜固氮菌培养液中再培养，必要时可反复两次进行富集培养。吸取该培养液 0.05mL，加入到平板上，涂匀，28℃条件下培养 7d，观察菌落生长情况，并纯化单菌落。

2. 厌氧自生固氮菌的测定

采用厌氧自生固氮菌培养基，配方参见附录 1。分装培养基，每支试管（1.8cm×18cm）装入 15mL（深层培养，以造成厌氧条件），再倒放一杜氏发酵管，温度为 121℃时灭菌 30min。选取 4 个稀释度（如 $10^{-7} \sim 10^{-4}$）的土壤悬液，每一稀释度接种 4 支试管，每管接种 1mL，另取 4 支培养基接无菌水作对照。于 28℃条件下培养 5d，观察气泡及丁酸的形成，并可进行镜检，以观察菌体。按附录 2 中《最大或然法测数统计表》得出数量指标和菌的近似值。

（三）氨化细菌的测定

氨化细菌是土壤氨化作用的参与者，即将土壤中的有机氮转化为氨气。该生物学过程使植物不能利用的有机氮化合物转化为可给态氮，为植物及一些自养和异养微生物的繁殖与活动创造了良好的营养条件，因而具有重要分析意义。

（1）平板培养法

采用牛肉膏蛋白胨琼脂培养基（测定细菌总数），配方参见附录 1。操作步骤参见"稀释平板法"，其上生长的好氧细菌，均属氨化细菌。

（2）最大或然数法

采用蛋白胨氨化培养基，配方参见附录 1。将培养基在普通滤纸上过滤，装入试管（1.8cm×18cm）中，每支试管 5mL，温度为 121℃时灭菌 30min。选取 4 个稀释度（如 $10^{-9} \sim 10^{-6}$）的土壤悬液，每一稀释度接种 4 支试管，每支试管接种 1mL，另取 4 支培养基接种无菌水作对照。于 28℃条件下培养 3～5d 后分别进行检查，根据培养基的浑浊度、菌膜、沉淀、气味和颜色等变化来判断氨化细菌的有无（与对照管比较）；第 7 天用奈氏试剂定性检测有无氨的产生。从培养试管中吸取 1 或 2 滴培养液于白瓷板穴中，加入 1 或 2 滴奈氏试剂后如出现棕红色或浅褐色沉淀，即表示培养基内有氨的产生。按附录 2 中《最大或然数法测数统计表》得出数量指标和菌的近似值。

（四）硝化细菌的测定

土壤中氨化作用所产生的氨，通过硝化细菌的活动（硝化作用）氧化为硝酸，再与土壤中的金属离子作用形成硝酸盐。因此，土壤中硝化细菌的存在与活动，对土壤肥力以及植物营养有着重要的意义。氨氧化为硝酸，第一阶段是氨氧化为亚硝酸，由亚硝化细菌（氨氧化细菌）完成；第二阶段是亚硝酸氧化为硝酸，由硝酸化细菌（亚硝酸氧化细菌）完成，两者统称为硝化细菌。因为土壤中硝化作用的第一阶段是限制步骤，所以一般只测定参与第一阶段的亚硝化细菌的数量。

1. 亚硝化细菌数量的测定

采用氨氧化细菌（亚硝化细菌）培养基，配方参见附录 1。将培养基在普通滤纸上过滤，装入试管（1.8cm×18cm）中，每支试管 5mL，温度为 121℃时灭菌 30min。选取 6 个稀释度（如 $10^{-7} \sim 10^{-2}$）的土壤悬液，每一稀释度接种 4 支试管，每支试管接种 1mL，另取 4 支培养基接种无菌水作对照。于 28℃条件下培养 14d，吸取培养液 5 滴于白瓷板穴中，依次加入格利斯试剂 A 液、B 液 1 或 2 滴，如有亚硝酸（NO_2^-）存在，则呈红色，表示有亚硝化细菌存在。按附录 2 中《最大或然数法测数统计表》得出数量指标和菌的近似值。如需对亚硝化细菌进一步分离与纯化，可取 1mL 培养物加入到新鲜的亚硝化细菌培养液中再培养，必要时可反复两次进行富集培养。吸取浓缩 10 倍的该细菌培养液 2mL，加入到经紫外线消毒的硅胶板上，涂匀，于 40℃温箱中干燥至平板表面无积水，然后将经富集培养的样品进行悬液接种培养，14d 后可观察菌落的生长情况。

2. 硝化细菌数量的测定

采用硝化细菌培养基，配方参见附录 1。将培养基在普通滤纸上过滤，装入试管（1.8cm×18cm）中，每支试管 5mL，温度为 121℃时灭菌 30min。选取 5 个稀释度（如 $10^{-6} \sim 10^{-2}$）的土壤悬液，每一稀释度接种 4 支试管，每支试管接种 1mL，另取 4 支培养基接种无菌水作对照。于 28℃条件下培养 14d，吸取培养液 5 滴于白瓷板穴中，加入 1 或 2 滴二苯胺试剂，如呈蓝色，则表示已有亚硝酸氧化为硝酸（NO_3^-），说明有硝酸化细菌的存在。按附录 2 中《最大或然数法测数统计表》得出数量指标和菌的近似值。如需对硝酸化细菌进一步分离与纯化，可取 1mL 培养物加入新鲜的硝化细菌培养液中再培养，必要时可反复两次进行富集培养。吸取浓缩 10 倍的硝酸化细菌培养液 2mL，加入到经紫外线消毒的硅胶板上，涂匀，于 40℃温箱中干燥至平板表面无积水，然后将经富集培养的样品进行悬液接种培养。14d 后可观察菌落的生长情况。

（五）反硝化细菌的测定

土壤中硝化作用所积累的硝酸盐可经不同途径还原，包括同化还原和异化还原，产物包括亚硝酸、氧化氮、氧化亚氮、氮气和氨。广义的反硝化作用包括硝酸盐的各类还原作用，而狭义的反硝化作用（呼吸性反硝化作用）特指呼吸性的还原作用（产生气态氮的过程），即脱氮作用。反硝化细菌在厌氧条件下以 NO_3^- 或 NO_2^- 代替 O_2 作为最终电子受体，将其还原为亚硝酸、氨或氮气等。土壤中的反硝化细菌不属于一个特定类群，多为兼性细菌，数量测定一般采用最大或然数法。

采用反硝化细菌培养基，配方参见附录 1。每支试管（1.8cm×18cm）中装入 9mL 培养基（深层培养，以造成厌氧条件），倒放入一支杜氏发酵管，温度为 121℃时灭菌 30min。选取 5 个稀释度（如 $10^{-7} \sim 10^{-3}$）的土壤悬液，每一稀释度接种 4 支试管，每支试管接种 1mL，另取 4 支培养基接无菌水作对照。于 28℃条件下培养 14d，如有细菌生长，一般培养液变浑浊，有时甚至有气泡出现。吸取 1 或 2 滴培养液于白瓷板穴中，加入 1 或 2 滴奈氏试剂后出现棕红色或浅褐色沉淀，即表示培养基内有氨产生；同时用格利斯试剂和二苯胺试剂分别检查是否有亚硝酸和硝酸的存在。按附录 2 中《最大或然数法测数统计表》得出数量指标和菌的近似值。如需对反硝化细菌进一步分离与纯化，可吸取 1mL 培养物加入新鲜的反硝化细菌培养液中再培养，必要时可反复两次进行富集培养。吸取浓缩 10 倍的反硝化细菌培养液 2mL，加入到经紫外线消毒的硅胶板上，涂匀，于 40℃ 温箱中干燥至平板表面无积水，然后将经富集培养的样品进行悬液接种厌氧培养。14 天后可观察菌落的生长情况。

（六）纤维素分解菌的测定

土壤中植物残体的分解主要是由微生物进行的，它们在自然界碳素循环中有着重要作用，而且其分布与土壤性状、土壤肥力有着密切的关系。纤维素约占植物组织的 50%，因此，测定土壤中纤维素分解菌的数量是十分必要的。纤维素分解菌有好氧和厌氧之分：土壤中纤维素的分解作用主要是由好氧性分解菌进行的，包括细菌、真菌与放线菌的某些类群均具有较强的纤维素分解能力；在厌氧条件下，分解纤维素的微生物主要是一些产孢杆菌，如奥氏纤维素芽孢杆菌等。

1. 好氧纤维素分解菌

（1）平板培养法

采用赫奇逊（Hutchinson）培养基，配方参见附录 1。将已融化的培养基倒入培养皿，凝固后在琼脂平板表面放一张无淀粉滤纸（滤纸处理法：用 10g/L 的醋酸浸泡 24h，用碘液检查确无淀粉后，再用 20g/L 的苏打水冲洗至中性，晾干），用刮刀涂抹滤纸表面使其紧贴在琼脂表面。取一定稀释度（$10^{-3} \sim 10^{-1}$）的土壤悬液 0.05mL 于冷凝的平板培养基上，用玻璃刮刀使其均匀涂抹于培养基的表面，然后用灭菌的镊子夹取灭过菌的直径与培养皿等大的滤纸，覆盖于培养基上，再用干净灭菌的玻璃刮刀压平，置于盛有水的干燥器中，28℃ 保湿培养 14d 后取出，计算粘液菌、弧菌、真菌和放线菌的数量。如需对好氧纤维素分解菌进一步分离与纯化，可采用画线法纯化单菌落。

（2）最大或然数法

采用不加琼脂的赫奇逊培养基，配方参见附录 1。每支试管（1.8cm×18cm）分装培养基 5mL，贴管内壁放一张滤纸条（普通滤纸剪成 5cm×0.7cm 的条状，若呈酸性，先在加有 1 或 2 滴浓碱液的自来水溶液中浸泡 4～5h，取出后用自来水冲洗，烘干），一半浸入培养液内，一半露于空气中，温度为 121℃ 时灭菌 30min。取 5 个稀释度（如 $10^{-5} \sim 10^{-1}$）的土壤悬液接种，每个稀释度重复 4 支试管，每支试管接种 1mL，另取 4 支培养基接无菌水作对照。在接入土壤稀释液时，需经过露于液面的滤纸条流入培养基中。于 28℃ 条件下培养 14d，检查各试管滤纸条上细菌菌落的出现及滤纸变薄、断裂、色素产生情况。按附录 2 中《最大或然数法测数统计表》得出数量指标和菌的近似值。

2. 厌氧纤维素分解菌

采用厌氧纤维素分解菌培养基，配方参见附录 1。取培养基 10～15mL 装于试管中，并插入一条 1cm×10cm 滤纸条一条或加入切成 2mm×2mm 大小滤纸片 0.05g，温度为 121℃ 时灭菌 30min。取 5 个稀释度（如 $10^{-5} \sim 10^{-1}$）的土壤悬液接种，每个稀释度重复 4 支试管，每支试管接种 1.0mL，另取 4 支培养基接种无菌水作对照。于 28℃ 条件下培养。加滤纸条者培养 14 天后取出，检查各试管中滤纸上的溶解区以及菌落或色斑情况，以判别有无厌氧分解菌；加滤纸片者培养一个月后取出振荡观察纸屑腐烂情况。按附录 2 中《最大或然数法测数统计表》得出数量指标和菌的近似值。如需继续分离纯化，可用纤维素琼脂培养基，稀释平板法接种，经厌氧培养，可得到厌氧纤维分解菌的纯培养物。

（七）光合细菌的测定

光合细菌是地球上出现最早、自然界中普遍存在、具有原始光能合成体系的原核生物，是一类以光作为能源，在厌氧光照或好氧黑暗条件下利用自然界中的有机物、硫化物、氨等作为供氢体兼碳源而进行不放氧光合作用的细菌，是一类没有形成芽孢能力的革兰氏阴性菌，因具有细菌叶绿素和类胡萝卜素等光合色素而呈现一定颜色。光合细菌一般生长在湖底土、河流底土、海底土和水稻土等生境中，由红硫菌科（着色菌科，又称红色或紫色硫细菌）、绿菌科（又称绿硫细菌）、红螺菌科（又称红色或紫色非硫细菌）和绿屈挠菌科（又称滑行丝状绿色硫细菌）四个科组成。前两个科的光合细菌均为厌氧光合细菌，但红硫菌科细菌的硫磺颗粒在细胞内，而绿菌科细菌的硫磺颗粒却在细胞外，两者都能以 CO_2 作为唯一或主要碳源，以 H_2S 作为光合反应的供氢体，能源来自日光，属光能自养型；后两个科的光合细菌都能利用各种有机碳化合物为碳源和光合反应的供氢体，能源来自日光，属光能异养型。其中，红螺菌科细菌在有机污水治理、光合细菌饲料蛋白、天然色素以及光合细菌产氢等方面具有广泛的应用前景。

光合细菌培养基配方参见附录1，此以红螺菌科为例介绍固体石蜡双层培养法。吸取一定稀释梯度的土壤悬液 0.1mL 加入到灭菌的培养皿中，再加入 20mL 处于 40～45℃ 的固体培养基（尚未凝固），均匀摇晃使得菌液和培养基充分混合。等固体培养基凝固后，再向固体培养基上面倒入 55～60℃ 的熔化的固体石蜡，缓慢地水平摇动培养皿，使得石蜡均匀地覆盖在固体培养基的上面，特别要注意培养基的边缘。等固体石蜡凝固后，倒置培养皿，2400lx 光照培养 15d 后，计算结果。如需对光合细菌进一步分离与纯化，可采用焦性没食子酸法进行厌氧平板培养。把干燥器内的空气用真空泵减压到 1/3，再通入无菌的氢气，进行气体置换造成厌氧条件，然后用焦性没食子酸除去残余的氧气。把悬液和琼脂培养基混匀后装入已灭菌的细玻璃管中凝固，把玻璃管口两端用橡皮塞塞紧后进行光照培养。在无菌条件下推出凝固琼脂，或打碎玻璃管，将分离到的不同形态菌株进行反复纯化，直到在显微镜下观察菌体形态基本一致，纯化工作才结束。

（八）产甲烷菌的测定

大气甲烷是引起全球气候变暖的主要因素之一。大气中的甲烷几乎有一半来自于富含有机物的缺氧、多水的水田土壤、沼泽、湿地、水底淤泥等厌氧生境的生物过程。这些甲烷在厌氧生境中由产甲烷菌形成以后，经土壤和水层逸散入大气。因此，产甲烷菌对自然界碳素循环起着重要作用。

产甲烷菌培养基配方参见附录1，操作步骤如下：将熔化好的固体培养基装入培养管中，将培养管排列于 45～50℃ 的水浴锅中，每一处理排列 7 或 8 支，列前放一支组分相同但缺少琼脂的液体培养基。每支培养管有 5mL 培养液，用 1mL 注射器分别加入 10g/L 的硫化钠和 50g/L 的碳酸氢钠混合试剂、青霉素液各 0.1mL。把相应基质的富集培养物在旋涡混合器上将富集絮状物打散。用 1mL 灭菌注射器以氮气流洗去氧后，吸取 0.1mL 富集培养物，迅速注入加有同一基质的液体培养基中，此管立即在旋涡混合器上混匀，然后依次采用同样的方法稀释，每次稀释后均匀混合。稀释程度视富集培养物中产生甲烷细菌的数量而定，以最后 2 或 3 个稀释度的培养管中出现 10 个以下单菌落为宜。在滚管机水槽中加入冰块和冷水，使滚管过程中水温保持较低温度，以便培养管中琼脂培养基迅速凝固。启动滚管机,把已接入的富集培养物琼脂培养基的培养管平稳放在滚轴与支托点之间,任意均匀转动。待琼脂培养基在培养管内壁凝固成为均匀透明的琼脂薄膜为止。如无滚管机也可在一瓷盘中加水、冰块和少量氯化钠以降低温度,用手滚动进行。于30℃条件下培养10d后,参见"稀释平板法"计算结果。以厌氧操作技术挑取滚管菌落,培养后再进行厌氧滚管分离,多次反复直至纯培养物,并进行荧光显微镜检。

(九) 硫化细菌的测定

硫是所有生命体生长的必需组分。植物和微生物的主要硫素养料是硫酸盐,它们通过吸收硫酸盐合成有机硫化物,这是自然界硫素的有机质化过程。同时,生物体内的有机硫化物也可以硫化氢的状态释放出来,然后转化为游离的硫或硫酸盐。所有这些过程都是由微生物来进行的。土壤中的硫磺细菌和硫化细菌能将蛋白质分解时形成的硫化氢氧化形成硫磺或硫酸,这种作用就是硫化作用。因此,测定土壤中硫化细菌的数量及其作用强度有很大意义。

采用硫化细菌培养基,配方参见附录1。每支试管(1.8cm×18cm)分装培养基5mL,温度为121℃时灭菌30min。用6个稀释度(如$10^{-6} \sim 10^{-1}$)的土壤悬液接种,每个稀释度8支试管,每管0.5mL,另取8支接种无菌水作对照。于28℃条件下培养15d、30d时检查结果,每次检查用一组稀释度的4个重复进行。检查时每管滴入10g/L的氯化钡溶液2滴,如有白色沉淀,表明有SO_4^{2-}存在,证明有硫化细菌进行硫化作用,即$BaCl_2 + SO_4^{2-} = BaSO_4 + 2Cl^-$。按附录2中《最大或然数法测数统计表》得出数量指标和菌的近似值。如需对硫化细菌进一步分离与纯化,可吸取1mL培养物加入到新鲜硫化细菌培养液中富集培养。吸取硫化细菌培养液0.05mL,加入到平板上,涂匀,于28℃条件下培养7d后可观察菌落的生长情况,并纯化单菌落,再经简单染色,进行油镜观察。

(十) 反硫化细菌的测定

采用反硫化细菌培养基,配方参见附录1。每支试管(1.8cm×18cm)分装培养基5mL,温度为121℃时灭菌30min。用7个稀释度(如$10^{-7} \sim 10^{-1}$)的土壤悬液接种,每个稀释度重复4支试管,每支试管接种0.5mL,另取4支培养基接种无菌水作对照。于28℃条件下培养14d,添加50g/L的柠檬酸铁溶液1或2滴,观察试管底部及管壁是否形成黑色沉淀,如有则证明有反硫化作用。按附录2中《最大或然数法测数统计表》得出数量指标和菌的近似值。如需对反硫化细菌进一步分离与纯化,吸取1mL培养物加入到新鲜反硫化细菌培养液中富集培养。吸取硫化细菌培养液0.05mL,加入到平板上,涂匀,28℃条件下培养7d后可观察菌落的生长情况,并纯化单菌落,再经简单染色,进行油镜观察。

(十一) 磷细菌的测定

土壤中的磷素有20%~80%是以有机物质状态存在于植物残体、微生物体内,必须经过微生物对有机磷化物的分解作用才能转变为简单的、植物可吸收的磷化物(主要是磷酸盐)。有些细菌能产生有机酸或无机酸,加强了土壤中某些难溶性磷酸盐(如磷酸钙)的溶解性,从而提高了土壤中可给性磷素的含量。因此,测定这一类群微生物的数量,对了解土壤中磷素的转化有重要的现实意义。一般磷细菌的测定时采用最大或然数法,但为获取菌种资源,可采用稀释平板法。

1. 有机磷细菌

采用孟金娜有机磷培养基,配方参见附录1。每支试管(1.8cm×18cm)分装培养基

5mL，温度为121℃时灭菌30min。用4个稀释度（如$10^{-7}\sim10^{-4}$）的土壤悬液接种，每个稀释度的悬液重复4支试管，每支试管接土壤悬液1.0mL，另取4支培养基接种无菌水作对照。28℃条件下培养5d后，加40g/L的钼酸铵试剂2mL于试管中，再沸水浴中加热2min。取出后加入还原剂1mL，有磷酸时呈蓝色反应。按附录2中《最大或然数法测数统计表》得出数量指标和菌的近似值。如需对有机磷细菌进一步分离与纯化，吸取1mL培养物加入到新鲜的有机磷细菌培养液中富集培养。吸取硫化细菌培养液0.05mL，加入到平板上，涂匀，于28℃条件下培养7d后可观察菌落的生长情况，并纯化单菌落。

2. 无机磷细菌

采用磷酸三钙无机磷培养基，配方参见附录1。采用平板分离法，取3个稀释度（如$10^{-6}\sim10^{-4}$）的土壤悬液，接种量为1.0mL，于28℃条件下培养7d，计算具有透明圈的菌落数及细菌菌落总数，参见"稀释平板法"计算结果。可以透明圈的大小作为产酸解磷能力强弱的指标。

（十二）钾细菌的测定

钾细菌又称硅酸盐细菌，具有分解土壤中铝硅酸盐和转化钾及其他灰分元素成为植物可吸收态营养的能力。钾细菌不但能分解含钾的长石、云母、玻璃和磷灰石等矿物，释放出有效态钾，而且能从空气中摄取氮素，因而它是研发微生物肥料的重要材料。测定土壤中硅酸盐细菌的数量一般采用稀释平板法。

采用硅酸盐培养基，配方参见附录1。将2个稀释度（如10^{-4}、10^{-3}）的土壤悬液1mL接种于灭菌的培养皿中，然后倾入上述冷却为45℃左右的培养基约12mL，充分摇匀，待冷却凝固后，倒置，于28℃条件下培养4d，选择大型、透明凸起如玻璃珠状、黏着而有弹性的菌落计数。如需对钾细菌进一步分离和纯化，对上述菌落进行画线，于28℃条件下培养4d后可观察菌落的生长情况。

（十三）铁细菌的测定

铁是植物生长和大部分微生物发育所必需的元素之一。土壤中铁的形态主要为氧化铁及其水化物，以及各种简单的亚铁化合物。土壤中游离的高铁和亚铁的比例取决于土壤的氧化还原状态。这种氧化还原变化不只是化学反应，铁细菌在好氧或微好氧条件下能氧化亚铁（Fe^{2+}）为高价铁（Fe^{3+}），从中获得能量，即 $4FeCO_3 + O_2 + 6H_2O \Longrightarrow 4Fe(OH)_3 + 4CO_2$，能量起着很重要的作用，尤其是对水稻土和潜育土。因此，测定土壤中铁细菌的数量对进一步认识土壤中的氧化还原过程和研究土壤腐蚀作用有着重要意义。测定土壤中铁细菌的数量一般采用最大或然数法。

采用铁细菌培养基，配方参见附录1。将铁细菌培养基分装于100mL已灭菌的量筒或大试管中，每支试管10mL，温度为121℃时灭菌30min。将7个稀释度（如$10^{-7}\sim10^{-1}$）的土壤悬液接种，每支试管接1mL，每个稀释度重复4次。于28℃条件下培养10d，观察试管培养基颜色，凡产生褐色或黑色沉淀且原培养基中棕色消失变为透明状者，表明有铁细菌存在。按附录2中《最大或然数法测数统计表》得出数量指标和菌的近似值。如需对铁细菌进一步分离与纯化，吸取1mL培养物加入到新鲜的铁细菌培养液中富集培养。然后平板画线，纯化单菌落。

第七章 微生物菌种保藏技术

实验 27 菌种的简易保藏

一、实验目的

1. 学会固体斜面低温保藏菌种的一般方法。
2. 学会沙土管保藏菌种的一般方法。
3. 学会甘油管保藏菌种的一般方法。

二、实验原理

菌种是发酵工业产业和科研的核心，因此，在应用中必须注意保持优良品性，不被污染。但因各种菌种的特性不同，其保藏方法有很多种，如砂土管保藏法、真空冷冻法、矿油保藏法等，本次实验只了解固体斜面低温保藏、砂土管保藏法和甘油管保藏法。固体斜面低温保藏适用于平常使用，多次传代不易改变其原有特性的菌体。保藏时间依微生物的种类而有所不同，霉菌、放线菌及芽胞的菌保藏 2～4 个月，移种一次；酵母菌两个月移种一次，细菌最好每月移种一次。沙土管保藏法适用于真菌、放线菌的孢子、细菌的芽胞。甘油管适合保藏传代用菌株，一般可保藏 1 年。

保藏菌种的基本原理是使微生物的代谢活动降到极低程度，处于休眠状态。一般采用低温、干燥和隔绝空气来达到此目的。保藏的菌种一般是健壮及纯化的培养物。

三、实验器材

1. 试管
大肠杆菌试管斜面 1 支，黑曲霉试管斜面 1 支。
2. 溶液或试剂
LB 固体培养基，无菌水 50mL，五氧化二磷，氧化钙 200g，10％盐酸，甘油。
3. 仪器或其他用具
冰箱，三角烧杯（或大试管）1 个，玻璃珠 10～20 个，吸管（1mL）1 支，吸管（10mL）1 支，真空泵、筛子、搪瓷盘、接种针、棉花、小试管、烧杯、pH 试纸。

四、实验操作

（一）固体斜面低温保藏法

将大肠杆菌菌种接种在 LB 培养基斜面上，在适宜的温度培养，使其充分生长。待菌生长充分以后，移至 2～8℃冰箱中保藏。

（二）砂土管保藏法

1. 取砂

（1）取河砂若干，过 40 目筛，除去杂质，用水洗数次至上清液澄清为止。

（2）10％盐酸处理，以盐酸没过砂面为准，浸泡过夜。

（3）次日倒去盐酸，用水洗至中性，晾干（或烘干）。

（4）除铁，用磁铁吸铁，如果含铁量大，则用此法连续除铁直至基本无铁为止，过 60 目筛。

2. 取土

（1）取较清洁的 1m 以下的园地土（离三废、厨房、厕所及化学实验室较远，黏性较小），除去石块、杂草等物。

（2）用磁铁吸取土中的铁。在烘箱内 100℃以上烘干，过 30～120 目筛。

3. 砂土混合

将处理好的砂与土按 1∶1 或 1∶2 混合均匀，分装在小试管中，每支试管加 1g（大约 1cm 高），高压灭菌 2～3 次。

4. 无菌检查

取少量灭菌后的砂土，放入肉汤培养基（或豆芽汁培养基），于 30℃下培养 8h，观察有无菌生长，无菌生长便可用。

5. 菌悬液的制备

（1）将要保藏的菌种连续用新鲜培养基传代二次，培养 3～5d，待孢子充分生长后取出。

（2）在无菌条件下，倾入斜面 5mL 无菌水，洗下孢子。

（3）数孢子数。

（4）用 1mL 无菌吸管取孢子悬液（约 0.5mL）滴入已灭菌的砂土管内（经无菌检查合格的），用接种环拌匀。

6. 保藏

将砂土管放入干燥器中（真空抽干）。干燥器内装有五氧化二磷，当五氧化二磷转变为糊状时更换一次。干燥器下部放有硅胶，将干燥器放入阴凉处保存。

（三）甘油管保藏法

1. 50％甘油的制备

将等体积的蒸馏水与等体积的甘油混合，由于甘油比较黏稠，吸取甘油时要缓慢。

2. 灭菌

将配好的甘油、1.5mL 离心管、枪头等实验用品于 121℃时灭菌 20min。

3. 保藏菌液的制备

（1）将待保藏用菌种接种至平板或琼脂斜面，于 37℃条件下培养 24～48h 后，用无菌接种环轻轻刮取菌苔，移至预先装有无菌蒸馏水的试管中。

（2）无菌条件下将菌液与 50％浓度甘油 1∶1 等体积混合于离心管中，甘油终浓度为 25％。

4. 保藏

将制作好的甘油管于 -20℃保藏。

五、思考题

1. 菌种保藏有几种方法？各有何优缺点？
2. 砂土管适合于哪些菌的保藏？

实验 28　冷冻真空干燥保藏

一、实验目的

掌握冷冻干燥保藏菌种的方法。

二、实验原理

此法利用有利于菌种保藏的一切因素，使微生物始终处于低温、干燥、隔绝空气的条件下。在这些条件下，微生物的生命活动将处于休眠状态，代谢相对静止，它是迄今为止最有效的菌种保藏方法之一。在冷冻过程中，为了避免恶劣条件对微生物的损害，常采用添加保护剂的方法。常用保护剂有脱脂牛奶、血清等。

三、实验器材

1. 菌种
待保藏的各种菌种。
2. 溶液或试剂
2%的 HCl，牛奶。
3. 仪器或其他用具
离心机，冷冻真空装置，酒精喷灯，安瓿管，长滴管，脱脂棉。

四、实验操作

1. 安瓿管的清洗和脱脂牛奶的制备
（1）准备安瓿管。安瓿管采用中性硬质玻璃较为适合。安瓿管先用 HCl 浸泡 8～10h，再用自来水冲洗多次，最后用蒸馏水洗 1～2 次，烘干。将印有菌名和接种日期的标签放入安瓿管中，有字的一面应朝向管壁，管口塞上棉花。121℃时灭菌 20min。
（2）制备脱脂牛奶：先将牛奶煮沸，除去上面一层脂肪，然后用脱脂棉过滤，并在 3000r/min 的离心机中离心 15min。如果一次不行，再离心一次，直至除尽脂肪。牛奶脱脂以后于温度 121℃时灭菌 20min，并做无菌检验。
2. 冻干管的制备
（1）制做菌种悬浮液。将无菌牛奶直接加到待保藏的菌种斜面内，用接种环将菌体刮下，轻轻搅动，使其均匀地悬浮在牛奶内成悬浊液（但应注意，切勿将琼脂刮到牛奶中）。
（2）分装。用无菌长滴管将悬浮液分装入安瓿管底部，每支安瓿管的装入量约为 0.2mL（一般装入量为安瓿管球部体积的 1/3 为宜）。
（3）预冻。将分好的安瓿管在 -25～-40℃之间的冰箱中预冻 12h 后即可抽气进行真空干燥。

（4）真空干燥。预冻以后，将安瓿管放入真空器中，开动真空泵，进行干燥。目视冻干的样品呈酥丸状或松散的片状。

（5）封管。封管前将安瓿管装入歧管，真空度抽至 0.01mm 汞柱后，再用火焰熔封。封好后，要用高频电火花器检查各安瓿管的真空情况。如果管内呈现灰蓝色光，证明保持着真空。检查时，高频应射向安瓿管的上半部，切勿直接射向样品。做好的安瓿管应放置在低温避光处保藏。

3. 恢复培养

如果要从中取出菌种恢复培养，可先用 75％酒精将安瓿管的外壁消毒，然后将安瓿管上部在火焰上烧热，再滴几滴无菌水，使管子破裂，再用接种环直接挑取松散的干燥样品，在斜面接种，也可将无菌液体培养基加入安瓿管中，使样品溶解，然后再用无菌滴管取出菌液至适合的培养基中进行培养。

五、思考题

1. 冷冻干燥保藏法的原理。
2. 怎样做到在菌种保藏过程中对微生物的伤害最小？

实验 29　液氮超低温冷冻保藏

一、实验目的

掌握冷冻干燥保藏菌种的方法。

二、实验原理

液氮超低温冷冻保藏是适用范围最广的微生物保藏法，其保存期最长。因为液氮的温度可达－196℃，远远低于菌种新陈代谢作用停止的温度（－130℃），故此时代谢活动已停止。保藏期一般为 2～3 年，长的可达 9 年。

三、实验器材

1. 菌种
待保藏菌种。
2. 溶液或试剂
甘油，干冰，液氮。
3. 仪器或其他用具
安瓿管，酒精喷灯，液氮管或液氮冰箱。

四、实验操作

1. 制备安瓿管
制备安瓿管的玻璃需能经受温度的突然变化而不至于破裂，容易用火焰熔封管口，恢复培养时容易打开；一般采用硼硅玻璃制品；管的大小则根据需要而定，通常 75×10（mm）。安瓿管选好后，洗刷干净，贴好菌号，塞上棉塞，于121℃灭菌30min，烘干后备用。

2. 加保护剂

液氮保藏一般都要添加保护剂，按菌体与保护剂1∶1的比例添加。如保藏噬菌体，用20％脱脂牛奶作为保护剂；保藏细菌等，则用10％（体积分数）甘油蒸馏水溶液或10％（体积分数）二甲亚砜蒸馏水溶液为保护剂。

3. 菌种培养

需要保藏的菌种如能产生孢子或是可以分散的细胞，先用斜面最适培养基培养，生长良好后续加保护剂制成菌悬液；对于只形成菌丝体不产生孢子的真菌，可于斜面培养或震荡培养后，制成菌丝片悬液后移入溶有保护剂并已灭菌的安瓿管内。

4. 冻结和保藏

将菌种悬浮液或琼脂培养片无菌地装入安瓿管后，用火焰将安瓿管上部熔封，浸入水中检查有无缝隙，然后将已封口的安瓿管置冻结器内，在控制冻结速度为每分钟下降1℃的条件下，使样品冻结到−35℃。再用干冰和乙二醇冷冻剂冷冻至−78℃后，立即转移到液态氮冰箱中保存。箱内温度：气箱中为−150℃，液态氮内为−196℃。

5. 恢复培养

如欲使用保藏菌种，可将安瓿管由冰箱中取出，立即置于38～40℃水浴中摇动，直到内部的结冰全部融化为止，以无菌操作开启安瓿管，将菌种移到适宜的培养基上培养。

五、思考题

液氮超低温冷冻保藏的菌株为什么需要在冻结前加保护剂？

附　　录

附录1　培养基配方

1. 好氧自生固氮培养基

(1) 瓦克斯曼（Waksman）77 号培养基（pH7.0）

葡萄糖　10g，K_2HPO_4　0.5g，$MgSO_4 \cdot 7H_2O$　0.2g，NaCl　0.2g，$MnSO_4 \cdot 4H_2O$ 微量（10g/L 溶液 2 滴），$FeCl_3 \cdot 6H_2O$ 微量（10g/L 溶液 2 滴），蒸馏水 1L，10g/L 刚果红溶液　5mL，琼脂　18g

> **注意：**
>　先调 pH7.0 后再加刚果红。

(2) 阿须贝（Ashby）培养基（PH6.8～7.0）

甘露醇　10g，$CaCO_3$　5g，KH_2PO_4　0.2g，$MgSO_4 \cdot 7H_2O$　0.2g，NaCl　0.2g，$CaSO_4 \cdot 2H_2O$　0.1g，蒸馏水　1L，琼脂　18g

2. 厌氧自生固氮菌培养基

葡萄糖　20g，K_2HPO_4　1g，$MgSO_4 \cdot 7H_2O$　0.5g，NaCl　0.25g，$MnSO_4 \cdot 4H_2O$ 0.01g，$FeSO_4 \cdot 7H_2O$　0.01g，蒸馏水　1L

3. 无氮液体培养基（用于测量土壤固氮强度）

蒸馏水　15g，$CaCO_3$　5g，NaCl　1.5g，K_2HPO_4　0.3g，$MgSO_4 \cdot 7H_2O$　0.3g，K_2SO_4　0.2g，$CaHPO_4$　0.2g，$(NH_4)_6Mo_7O_{24} \cdot 4H_2O$　0.005g，H_3BO_3　0.005g，FeCl 微量，蒸馏水　1L

4. 氨化细菌培养基（pH7.0）

蛋白胨　5.0g，KH_2PO_4　0.5g，K_2HPO_4　0.5g，$MgSO_4 \cdot 7H_2O$　0.5g，蒸馏水　1L

5. 硝化细菌培养基

(1) 氨氧化细菌（亚硝化细菌）培养基（pH7.2）

$CaCO_3$　5g，$(NH_4)_2SO_4$　2g，K_2HPO_4　0.75g，NaH_2PO_4　0.25g，$MgSO_4 \cdot 7H_2O$ 0.03g，$MnSO_4 \cdot 4H_2O$　0.01g，蒸馏水　1L

(2) 硝酸化细菌培养基

$NaNO_2$　1g，Na_2CO_3　1g，K_2HPO_4　0.75g，NaH_2PO_4　0.25g，$MgSO_4 \cdot 7H_2O$ 0.03g，$MnSO_4 \cdot 4H_2O$　0.01g，蒸馏水　1L

6. 反硝酸化细菌培养基（pH7.2～7.5）

柠檬酸钠　5g，KNO_3　2g，K_2HPO_4　1g，KH_2PO_4　1g，$MgSO_4 \cdot 7H_2O$　0.1g，水　1L

7. 好氧纤维素分解菌培养基——赫奇逊（Hutchinson）培养基（pH7.2）

$NaNO_3$　2.5g，KH_2PO_4　1g，$MgSO_4 \cdot 7H_2O$　0.3g，NaCl　0.1g，$CaCl_2 \cdot 2H_2O$　0.1g，$FeCl_3$　0.01g，水　1L，琼脂　18g

8. 厌氧纤维素分解菌培养基

（1）磷酸铵钠培养基

$CaCO_3$　5g，$NaNH_4HPO_4$　2g，蛋白胨　1g，KH_2PO_4　1g，$MgSO_4 \cdot 7H_2O$　0.5g，$CaCl_2 \cdot 6H_2O$　0.3g，蒸馏水　1L

（2）依姆歇涅茨基培养基

蛋白胨　2.5g，$CaCO_3$　2g，牛肉膏　1.5g，蒸馏水　1L

（3）奥梅梁斯基（Omeliansky）培养基

$CaCO_3$　2g，$(NH_4)_2SO_4$　1g，K_2HPO_4　1g，$MgSO_4 \cdot 7H_2O$　0.5g，NaCl　0.2g，蒸馏水　1L

9. 光合细菌培养基

（1）常规方法

CH_3COONa　2g，$(NH_4)_2SO_4$　1g，K_2HPO_4　0.5g，KH_2PO_4　0.5g，$MgSO_4 \cdot 7H_2O$　0.5g，酵母膏　0.2g，水　1L

（2）紫色硫细菌培养基（pH7.0）

CH_3COONa　1g，NH_4Cl　1g，$Na_2S \cdot 9H_2O$　1g，K_2HPO_4　0.5g，$MgCl_2$　0.2g，酵母膏　0.2g，水　1L

（3）紫色非硫细菌培养基1（pH7.0）

CH_3COONa　2g，NH_4Cl　1g，NaCl　1g，K_2HPO_4　0.4g，$MgCl_2$　0.2g，$CaCl_2 \cdot 2H_2O$　0.1g，酵母膏　0.1g，水　1L

（4）紫色非硫细菌培养基2（pH7.0）

CH_3COONa　2.5g，$NaHCO_3$　1g，NH_4Cl　1g，NaCl　1g，K_2HPO_4　0.2g，$MgSO_4 \cdot 7H_2O$　0.2g，$CaCl_2 \cdot 2H_2O$　0.1g，酵母膏　0.1g，水　1L

10. 硫化细菌培养基

$Na_2S_2O_3 \cdot 5H_2O$　5.0g，$NaHCO_3$　1g，Na_2HPO_4　0.2g，NH_4Cl　0.1g，$MgCl_2$　0.1g，水　1L

11. 反硫化细菌培养基

乳酸钠或酒石酸钾钠　5g，天冬氨酸　2g，$MgSO_4 \cdot 7H_2O$　0.2g，K_2HPO_4　1g，$FeSO_4 \cdot 7H_2O$　0.01g，蒸馏水　1L

12. 无机磷细菌培养基（pH7.0～7.5）

葡萄糖　10g，$Ca_3(PO_4)_2$　10g，$(NH_4)_2SO_4$　0.5g，NaCl　0.3g，KCl　0.3g，$MgSO_4 \cdot 7H_2O$　0.3g，$FeSO_4 \cdot 7H_2O$　0.03g，$MnSO_4 \cdot 4H_2O$　0.03g，蒸馏水　1L，琼脂　15～18g

13. 硅酸盐培养基（分离钾细菌，pH7.0～7.5）

蔗糖　5g，Na_2HPO_4　2g，土壤矿物　1g，$MgSO_4 \cdot 7H_2O$　0.5g，$CaCO_3$　0.1g，

$FeCl_3$ 0.005g，蒸馏水 1L，琼脂 15～18g

> **注意：**
> 　　土壤矿物，取适量土壤，先去除大的有机残体，然后加入 6mol/L HCl（土液比 1：10）煮沸 30min，过滤，用蒸馏水淋洗至无氯离子。

　　14. 铁细菌培养基（pH7.0～7.5）

　　柠檬酸铁铵 10g，$MgSO_4 \cdot 7H_2O$ 0.5g，$(NH_4)_2SO_4$ 0.5g，K_2HPO_4 0.5g，$NaNO_3$ 0.5g，$CaCl_2$ 0.2g，蒸馏水 1L

　　15. 产甲烷菌培养基

　　（1）配方 1

　　NaCl 12g，$(NH_4)_2SO_4$ 6g，K_2HPO_4 6g，KH_2PO_4 6g，$NaHCO_3$ 5g，$MgSO_4 \cdot 7H_2O$ 2.5g，HCOONa 2.5g，CH_3COONa 2.5g，酵母浸膏 2g，胰酶解酪蛋白 2g，L-半胱氨酸盐 0.5g，$Na_2S \cdot 9H_2O$ 0.5g，$CaCl_2 \cdot 2H_2O$ 0.16g，$FeSO_4 \cdot 7H_2O$ 0.002g，微量元素液 10mL，蒸馏水 1L

> **注意：**
> 　　固体培养基中需按 18g/L 的浓度标准添加琼脂。

　　微量元素液配方（KOH 调 pH7.0）如下所示：

　　NaCl 10g，$MgSO_4 \cdot 7H_2O$ 3g，氮川三乙酸 1.5g，$MgSO_4 \cdot 7H_2O$ 0.5g，$ZnSO_4 \cdot 7H_2O$ 0.1g，$CoSO_4$ 0.1g，$CaCl_2$ 0.1g，$CuSO_4 \cdot 5H_2O$ 0.01g，$Na_2MoO_4 \cdot 2H_2O$ 0.01g，H_3BO_3 0.01g，$AlK(SO_4)_2$ 0.01g，蒸馏水 1L

　　（2）配方 2（在厌氧条件下配制，pH7.0～7.2）

　　HCOONa 4g，CH_3COONa 4g，K_2HPO_4 3.2g，NH_4Cl 0.8g，酵母膏 0.8g，半胱氨酸 0.4g，$MgCl_2$ 0.08g，1g/L 刃天青溶液 0.8g，CH_3OH 4mL，H_2/CO_2 体积比为 4：1，土壤浸出液 240mL，水 800mL

> **注意：**
> 　　土壤浸出液，取土壤 50g，加水 200mL，121℃煮沸 1h，滤纸过滤后加水补足到 200mL。

附录2　最大或然数法测数统计表

1. 三次重复测数统计表

数量指标	细菌近似值	数量指标	细菌近似值	数量指标	细菌近似值
000	0.0	201	1.4	302	6.5
001	0.3	202	2.0	310	4.5
010	0.3	210	1.5	311	7.5
011	0.6	211	2.0	312	11.5
020	0.6	212	3.0	313	16.0
100	0.4	220	2.0	320	9.5
101	0.7	221	3.0	321	15.0
102	1.1	222	3.5	322	20.0
110	0.7	223	4.0	323	30.0
111	1.1	230	3.0	330	25.0
120	1.1	231	3.5	331	45.0
121	1.5	232	4.0	332	110.0
130	1.6	300	2.5	333	140.0
200	0.9	301	4.0		

2. 四次重复测数统计表

数量指标	细菌近似值	数量指标	细菌近似值	数量指标	细菌近似值	数量指标	细菌近似值
000	0.0	041	1.2	131	1.4	222	2.0
001	0.2	100	0.3	132	1.6	230	1.7
002	0.5	101	0.5	140	1.4	231	2.0
003	0.7	102	0.8	141	1.7	240	2.0
010	0.2	103	1.0	200	0.6	241	3.0
011	0.5	110	0.5	201	0.9	300	1.1
012	0.7	111	0.8	202	1.2	301	1.6
013	0.9	112	1.0	203	1.6	302	2.0
020	0.5	113	1.3	210	0.9	303	2.5
021	0.7	120	0.8	211	1.3	310	1.6
022	0.9	121	1.1	212	1.6	311	2.0
030	0.7	122	1.3	213	2.0	312	3.0
031	0.9	123	1.6	220	1.3	313	3.5
040	0.9	130	1.1	221	1.6	320	2.0

数量指标	细菌近似值	数量指标	细菌近似值	数量指标	细菌近似值	数量指标	细菌近似值
321	3.0	400	2.5	414	14.0	432	20.0
322	3.5	401	3.5	420	6.0	433	30.0
330	3.0	402	5.0	421	9.5	434	35.0
331	3.5	403	7.0	422	13.0	440	25.0
332	4.0	410	3.5	423	17.0	441	40.0
333	5.0	411	5.5	424	20.0	442	70.0
340	3.5	412	8.0	430	11.5	443	140.0
341	4.5	413	11.0	431	16.5	444	160.0

3. 五次重复测数统计表

数量指标	细菌近似值	数量指标	细菌近似值	数量指标	细菌近似值	数量指标	细菌近似值
000	0.0	203	1.2	400	1.3	513	8.5
001	0.2	210	0.7	401	1.7	520	5.0
002	0.4	211	0.9	402	2.0	521	7.0
010	0.2	212	1.2	403	2.5	522	9.5
011	0.4	220	0.9	410	1.7	523	12.0
012	0.6	221	1.2	411	2.0	524	15.0
020	0.4	222	1.4	412	2.5	525	17.5
021	0.6	230	1.2	420	2.0	530	8.0
030	0.6	231	1.4	421	2.5	531	11.0
100	0.2	240	1.4	422	3.0	532	14.0
101	0.4	300	0.8	430	2.5	533	17.5
102	0.6	301	1.1	431	3.0	534	20.0
103	0.8	302	1.4	432	4.0	535	25.0
110	0.4	310	1.1	440	3.5	540	13.0
111	0.6	311	1.4	441	4.9	541	17.0
112	0.8	312	1.7	450	4.0	542	25.0
120	0.6	313	2.0	451	5.0	543	30.0
121	0.8	320	1.4	500	2.5	544	35.0
122	1.0	321	1.7	501	3.0	545	45.0
130	0.8	322	2.0	502	4.0	550	25.0
131	1.0	330	1.7	503	6.0	551	35.0
140	1.1	331	2.0	504	7.5	552	60.0
200	0.5	340	2.0	510	3.5	553	90.0
201	0.7	341	2.5	511	4.5	554	160.0
202	0.9	350	2.5	512	6.0	555	180.0

参 考 文 献

[1] 蔡信之，黄君红．微生物学实验 [M]．北京：科学出版社，2010.
[2] 陈坚．环境微生物实验技术 [M]．北京：化学工业出版社，2008.
[3] 陈敏．微生物学实验 [M]．杭州：浙江大学出版社，2011.
[4] 杜连祥，路福平．微生物学实验技术 [M]．北京：中国轻工业出版社，2006.
[5] 李玉锋，唐洁．工科微生物学实验 [M]．成都：西南交通大学出版社，2007.
[6] 林先贵．土壤微生物研究原理与方法 [M]．北京：高等教育出版社，2010.
[7] 罗泽娇，冯亮．环境工程微生物实验 [M]．武汉：中国地质大学出版社有限责任公司，2013.
[8] 马放，任南琪，杨基先．污染控制微生物实验 [M]．哈尔滨：哈尔滨工业大学出版社，2002.
[9] 全桂静，雷晓燕，李辉．微生物学实验指导 [M]．北京：化学工业出版社，2010.
[10] 沈萍，陈向东．微生物学实验 [M]．北京：高等教育出版社，2007.
[11] 唐丽杰．微生物学实验 [M]．哈尔滨：哈尔滨工业大学出版社，2005.
[12] 王国惠．环境工程微生物学原理及应用 [M]．北京：化学工业出版社，2010.
[13] 王兰．环境微生物学实验方法与技术 [M]．北京：化学工业出版社，2009.
[14] 肖琳．环境微生物实验技术 [M]．北京：中国环境科学出版社，2004.
[15] 许国强．实验微生物学 [M]．开封：河南大学出版社，2002.
[16] 袁丽红．微生物学实验 [M]．北京：化学工业出版社，2010.
[17] 赵斌，何绍江．微生物学实验 [M]．北京：科学出版社，2002.
[18] 赵斌．微生物学实验 [M]．2 版．北京：科学出版社，2015.
[19] 中国科学院南京土壤研究所微生物室．土壤微生物研究法 [M]．北京：科学出版社，1985.
[20] 周群英，王士芬．环境工程微生物学 [M]．北京：高等教育出版社，2009.
[21] 朱旭芬．现代微生物学实验技术 [M]．杭州：浙江大学出版社，2011.
[22] 诸葛健．工业微生物实验与研究技术 [M]．北京：科学出版社，2007.

中国建材工业出版社
China Building Materials Press

我们提供

图书出版、广告宣传、企业/个人定向出版、图文设计、编辑印刷、创意写作、会议培训，其他文化宣传服务。

发展出版传媒　　　　服务经济建设

传播科技进步　　　　满足社会需求

编 辑 部
010-88385207

出版咨询
010-68343948

市场销售
010-68001605

门市销售
010-88386906

邮箱：jccbs-zbs@163.com　　　网址：www.jccbs.com